Apometria Para Deficiência de 3-

Hidroxi-3-Metilglutaril-CoA Liase

Autor: Publicado por Thor Otto Alexsander

FICHA CATALOGRÁFICA

Autor: Thor Otto Alexsander

Título: Apometria Para Deficiência de 3-Hidroxi-3-Metilglutaril-CoA Liase

Edição: 1

Local de publicação: Rio do Sul

Ano de publicação: 2023

PREFÁCIO

Ao abrir estas páginas, mergulhe em um universo de emoções...

AGRADECIMENTO

Agradeço aos leitores que participaram de concursos e sorteios relacionados ao meu livro, contribuindo para sua divulgação

Meus agradecimentos vão para os leitores que enviaram cartas e mensagens pessoais expressando seu amor pelo livro

Meus agradecimentos vão para os tradutores que permitiram que meu livro alcançasse leitores de diferentes países e culturas

Sou grato(a) aos influenciadores digitais que compartilharam recomendações e indicações do meu livro em suas plataformas

Agradeço aos leitores que participaram de concursos e sorteios relacionados ao meu livro, contribuindo para sua divulgação

DEDICATÓRIA

Aos amantes da fantasia e da imaginação, este livro é dedicado

a todos aqueles que acreditam que a magia existe.

CUIDADO

Prezado leitor,

Antes de começar a aplicar as ideias e conceitos apresentados neste livro, é importante ressaltar a importância do cuidado e da responsabilidade na utilização do conhecimento adquirido. Embora o conhecimento possa ser uma ferramenta poderosa para a transformação pessoal e profissional, é essencial estar ciente de seus riscos e limitações. Ao aplicar as ideias aqui apresentadas, você pode se deparar com desafios, obstáculos e até mesmo fracassos.

Por isso, gostaríamos de compartilhar alguns pontos que devem ser levados em consideração durante a aplicação do conhecimento:

1. Contexto: cada situação é única, e o que funciona para uma pessoa ou empresa pode não ser adequado para outra. É crucial avaliar cuidadosamente o contexto em que o

conhecimento será aplicado, levando em conta as particularidades do ambiente e das pessoas envolvidas.

2. **Experimentação:** o processo de aplicação do conhecimento envolve uma série de experimentações e ajustes. Não é possível prever com exatidão os resultados de cada ação, mas é importante estar aberto a aprender com os erros e buscar novas soluções.

3. **Atenção aos detalhes:** uma implementação mal executada pode causar mais prejuízos do que benefícios. Por isso, preste atenção aos detalhes e busque ajuda de profissionais qualificados quando necessário.

4. **Ética:** o conhecimento não pode ser utilizado para prejudicar outras pessoas ou violar princípios éticos. É fundamental ter em mente que a responsabilidade social e o respeito aos valores universais são essenciais para a construção de um mundo melhor.

Portanto, não se trata apenas de adquirir conhecimento, mas também de saber como utilizá-lo de maneira ética e responsável. Esperamos que este livro seja útil e que você possa aplicar essas ideias de forma consciente e benéfica.

Atenciosamente, Thor Otto Alexsander

IMPORTANTE

ESTE LIVRO NÃO DEVE SER UTILIZADO COMO ÚNICA FORMA DE GERAR APRENDIZADO, OUTROS LIVROS E ACOMPANHAMENTO PROFISSIONAL É IMPORTANTE.

Caro leitor,

Este livro é, sem dúvida, uma ferramenta inestimável para quem deseja aprender sobre um determinado assunto. No entanto, é importante lembrar que ele não deve ser a única fonte de conhecimento. Embora forneça informações valiosas, é preciso entender que a compreensão completa de qualquer assunto requer tempo, prática e experiência.

Cada pessoa tem sua própria jornada de aprendizado, e encontrar seus próprios métodos de aprendizagem e desenvolver habilidades práticas ao longo do tempo é fundamental. O aprendizado é um processo contínuo e ininterrupto, e nunca devemos parar de aprender. O

conhecimento é um tesouro que ninguém pode nos tirar, e uma ferramenta indispensável para o sucesso em qualquer área.

Portanto, continue lendo, estudando e praticando para alcançar grandes conquistas. Este livro é um excelente ponto de partida para sua jornada de aprendizado, mas lembre-se de que cada nova experiência e conhecimento adquirido irá expandir seus horizontes.

Esteja aberto a novas ideias e perspectivas, e nunca tenha medo de explorar novas áreas de conhecimento. Lembre-se de que o conhecimento teórico é fundamental, mas é na aplicação prática que o verdadeiro aprendizado ocorre.

Desejamos-lhe boa sorte em sua jornada de aprendizado contínuo! Que você possa aproveitar ao máximo este livro e, ao mesmo tempo, estar sempre aberto a novas oportunidades de crescimento e desenvolvimento pessoal.

Atenciosamente, Thor Otto Alexsander

SUMÁRIO

Sumário

FICHA CATALOGRÁFICA...3

PREFÁCIO..4

AGRADECIMENTO..5

CUIDADO..7

IMPORTANTE...10

SUMÁRIO..13

Ah, a Apometria...14

O QUE A APOMETRIA PODE FAZER?...17

UM POUCO MAIS DE APOMETRIA..22

COMO FAZER UMA APOMETRIA..35

COMANDO PARA O DESDOBRAMENTO..37

COMANDOS ESPECIFICOS PARA A DOENÇA EM QUESTÃO...........................39

COMANDO PARA O CORPO FÍSICO...117

COMANDO PARA A CURA ESPIRITUAL...126

ESCOLHA DE COMANDOS..216

PASSO A PASSO PARA A SESSÃO DE CURA...217

DICAS ADICIONAIS..223

FERRAMENTAS PARA USAR ANTES OU DEPOIS DA APOMETRIA...................226

PERGUNTAS ANTES DE UMA APOMETRIA..242

PREPARATIVO DA PESSOA ANTES DA APOMETRIA.......................................245

Ah, a Apometria

Ah, a Apometria... um caminho fascinante e transformador de cura que tem despertado o interesse e a curiosidade daqueles que buscam uma abordagem holística para a saúde e o bem-estar. Veremos como a Apometria se baseia em princípios de espiritualidade, energias sutis e conexões com planos e dimensões além do mundo material.

Conheceremos as ferramentas e técnicas utilizadas na prática apométrica, desde a mediunidade e o desdobramento espiritual até a aplicação de comandos de cura e a harmonização dos corpos sutis.

Você será convidado(a) a explorar práticas específicas, desde a abertura e encerramento de sessões apométricas até a aplicação de comandos de desdobra e equilíbrio energético. Os princípios teóricos e filosóficos da Apometria serão explicados de forma clara e acessível, permitindo que você compreenda a base que sustenta essa abordagem.

Que esta obra seja um farol de luz, guiando-o(a) em sua jornada rumo à cura, à integração e à comunhão com o divino. Que a Apometria seja uma bênção em sua vida, trazendo cura, equilíbrio e uma conexão mais profunda com sua espiritualidade.

O QUE A APOMETRIA PODE FAZER?

Integração mente-corpo-espírito: A Apometria busca a integração dos aspectos físicos, mentais, emocionais e espirituais, promovendo uma visão holística do ser humano e uma abordagem mais abrangente para o bem-estar geral

Clareza mental: A prática da Apometria pode proporcionar uma maior clareza mental, ajudando a organizar os pensamentos, melhorar a concentração e promover um raciocínio mais claro e focado

Ampliação da percepção da interdimensionalidade: A Apometria pode proporcionar uma ampliação da percepção da interdimensionalidade, permitindo que as pessoas se abram para a existência de realidades e planos de existência além da dimensão física

Limpeza de Cordões Energéticos: A Apometria pode auxiliar na identificação e limpeza de cordões energéticos negativos ou desnecessários que possam estar ligando a pessoa a relacionamentos ou situações prejudiciais.

Expansão da consciência cósmica: Participar de sessões de Apometria pode levar a uma expansão da consciência cósmica, permitindo uma compreensão mais profunda dos mistérios do universo e da interconexão de todas as coisas

Resgate de Fragmentos de Alma: Através das técnicas apométricas, é possível resgatar fragmentos de alma que possam ter se perdido ao longo da jornada, promovendo a reintegração e fortalecimento do ser como um todo.

Despertar da Consciência da Abundância: Através da Apometria, é possível despertar a consciência da abundância e transformar crenças limitantes em relação à prosperidade, permitindo uma conexão mais positiva e receptiva com a energia abundante do universo.

Despertar da consciência do autocuidado: Participar de sessões de Apometria pode despertar uma maior consciência do autocuidado, incentivando as pessoas a priorizarem seu bem-estar físico, mental e espiritual e adotarem práticas saudáveis de autotratamento

Promoção do despertar espiritual coletivo: A Apometria pode contribuir para o despertar espiritual coletivo, incentivando a busca por uma conexão mais profunda com o divino e a expansão da consciência espiritual em nível coletivo, promovendo a evolução da humanidade como um todo

Harmonização e Cura de Relações Afetivas: Através da Apometria, é possível trabalhar na harmonização e cura de relações afetivas, auxiliando na resolução de conflitos e na transformação dos padrões relacionais.

Promoção da autocura: Através da Apometria, algumas pessoas relatam uma maior capacidade de autocura, ativando seus próprios recursos internos de cura e regeneração

Cura de Votos de Pobreza e Escassez: A Apometria pode ajudar na identificação e liberação de votos, acordos ou programações relacionadas à pobreza e escassez, permitindo a abertura para uma experiência de abundância e prosperidade.

Restauração do Equilíbrio Energético dos Órgãos: Através da Apometria, é possível trabalhar na restauração do equilíbrio energético dos órgãos do corpo físico, auxiliando no processo de cura e recuperação.

Fortalecimento do campo energético: Participar de sessões de Apometria pode fortalecer o campo energético (aura) das pessoas, criando uma proteção energética e aumentando a resiliência às influências negativas externas

Alinhamento dos Corpos Sutis: A Apometria pode ser utilizada para alinhar e harmonizar os corpos sutis, promovendo um equilíbrio energético mais profundo e uma maior integração entre os diferentes níveis de existência.

Remoção de obsessões espirituais: Através da Apometria, algumas pessoas afirmam ter experimentado a liberação de influências espirituais indesejadas ou obsessivas, promovendo

uma sensação de alívio e bem-estar

Harmonização de Relações Cármicas: A Apometria pode ser

utilizada para trabalhar na harmonização de relações cármicas,

auxiliando na resolução de conflitos e no aprendizado mútuo,

promovendo a evolução espiritual.

UM POUCO MAIS DE APOMETRIA

Ao desbravar as fronteiras da consciência cósmica na Apometria, nos abrimos para a compreensão de que somos seres multidimensionais, habitantes de um universo vasto e infinito. Essa consciência expandida nos permite acessar conhecimentos, insights e sabedorias provenientes de dimensões superiores, trazendo clareza e perspectiva para nossa jornada terrena. Ao conectar-nos com a consciência cósmica, encontramos respostas para nossas perguntas mais profundas e somos capazes de vivenciar uma realidade mais alinhada com nosso propósito e verdadeira essência.

A conexão despertada com o Eu Superior na Apometria nos leva a um caminho de autotransformação e autorrealização. Ao acessarmos essa conexão interna, somos convidados a confrontar nossas sombras, liberar padrões limitantes e cultivar virtudes como a compaixão, a gratidão e o amor incondicional. À medida que mergulhamos mais profundamente em nossa essência divina, somos guiados a expandir nossas capacidades, a abraçar nossos dons e talentos únicos e a viver uma vida plena e significativa. Despertar a conexão com o Eu Superior na Apometria é abrir as portas para a realização de nosso potencial mais elevado e para uma experiência de vida repleta de propósito e integridade.

A autotransformação na Apometria não é apenas um caminho individual, mas também uma contribuição para o bem-estar coletivo. À medida que nos transformamos internamente, irradiamos luz e amor para o mundo ao nosso redor. Nos tornamos agentes de mudança, inspirando outros a embarcar em sua própria jornada de autodescoberta e crescimento espiritual. Através de nossa própria transformação, nos tornamos catalisadores de uma mudança positiva, ajudando a elevar a consciência global e a criar um mundo mais compassivo, amoroso e harmonioso.

Na busca por desvendar os mistérios da interdimensionalidade, a Apometria nos convida a expandir nossa consciência e a questionar as limitações impostas pela realidade convencional. Através da meditação, da intuição e da conexão com guias espirituais, somos capazes de acessar conhecimentos e sabedorias que estão além do alcance da mente racional. Essa exploração das múltiplas dimensões nos revela um universo vibrante e interconectado, onde as fronteiras entre o físico e o espiritual se fundem em uma dança cósmica de energia e consciência.

Navegar pelas ondas da transformação espiritual na Apometria implica em abraçar a jornada de autodescoberta e autotransformação. À medida que nos aventuramos por essas ondas, somos desafiados a explorar as profundezas de nossa própria psique, a enfrentar nossos medos e a desmantelar as camadas de condicionamentos que nos limitam. Essa navegação nos convida a confrontar nossas sombras, integrar nossas partes fragmentadas e alinhar nossas ações com nossos valores mais elevados. Ao navegar pelas ondas da transformação, descobrimos a coragem e a resiliência necessárias para evoluir espiritualmente.

A Apometria é um sistema de cura espiritual que tem ganhado destaque nos últimos anos. Originada no Brasil, essa prática combina elementos da mediunidade, espiritualidade e física quântica para auxiliar no processo de cura e evolução espiritual. Através da utilização de técnicas como projeção astral, desdobramento espiritual e resgate de fragmentos de alma, os praticantes de Apometria buscam transcender as fronteiras do plano físico, trabalhando com energias sutis e dimensões espirituais.

Além de trabalhar individualmente, a Apometria também pode ser aplicada em grupos, criando um espaço de cura coletiva e fortalecendo os laços de união entre as pessoas. Através de práticas como a visualização em grupo e a troca de energias positivas, é possível criar uma atmosfera de amor e compreensão mútua. A Arte de Harmonizar Corpo, Mente e Espírito na Apometria nos convida a reconhecer a nossa interconexão com todos os seres e a contribuir para a construção de uma sociedade mais equilibrada e consciente.

A Apometria representa uma ponte poderosa entre a ciência e a espiritualidade, integrando conceitos e práticas de ambos os campos. Essa abordagem reconhece que a busca pelo conhecimento não precisa ser dividida entre o mundo material e o espiritual, mas sim unificada em uma visão holística da realidade. Ao combinar a compreensão científica dos fenômenos físicos e a exploração dos aspectos espirituais da existência, a Apometria oferece uma perspectiva mais abrangente e enriquecedora, revelando um universo interconectado onde a mente, a matéria e a espiritualidade se entrelaçam.

Na jornada da Apometria, cada indivíduo é convidado a mergulhar em seu mundo interno, explorando os aspectos mais profundos de sua mente e emoções. Através da introspecção, meditação e autoanálise, é possível identificar e liberar bloqueios emocionais e crenças limitantes que afetam nossa saúde e bem-estar. A Apometria nos ensina que o processo de cura começa de dentro para fora, e ao harmonizar nossos pensamentos, sentimentos e emoções, criamos as bases para uma vida plena e significativa.

A Apometria é uma arte milenar da cura e harmonização energética que nos convida a explorar as dimensões sutis do ser humano. Por meio de técnicas como o alinhamento dos chacras, a limpeza e equilíbrio dos corpos energéticos, a Apometria promove a restauração do fluxo vital de energia, promovendo a cura física, emocional e espiritual. Essa arte da cura energética nos ensina a reconhecer e direcionar as energias sutis que permeiam nosso ser, possibilitando a restauração do equilíbrio e a manifestação da saúde plena.

A Apometria é uma abordagem holística que busca a harmonização integral do ser humano, englobando corpo, mente e espírito. Por meio da utilização de técnicas como a regressão de memória, limpeza energética e equilíbrio dos chacras, essa prática visa restabelecer o equilíbrio interno e promover uma conexão profunda com a nossa essência espiritual. Através da arte da Apometria, podemos encontrar a paz interior e alcançar um estado de plenitude.

A espiritualidade plena na Apometria não se trata apenas de uma jornada individual, mas também de uma oportunidade para contribuir com a transformação do mundo ao nosso redor. À medida que nos conectamos com nossa essência espiritual, despertamos a compaixão, o amor incondicional e a consciência coletiva. Através do serviço ao próximo, da disseminação do conhecimento espiritual e do cultivo da paz interior, podemos exercer um papel ativo na construção de uma sociedade mais justa, harmoniosa e espiritualmente consciente.

A Apometria é uma prática espiritual que nos convida a explorar os caminhos da espiritualidade plena, permitindo-nos transcender os limites do mundo físico em busca de uma conexão mais profunda com o divino. Através de técnicas como a projeção astral, trabalhos de desobsessão e resgate de energias perdidas, podemos adentrar em dimensões espirituais e expandir nossa consciência para além do que é tangível. Essa jornada nos abre para uma compreensão mais ampla da existência e nos leva a vivenciar a espiritualidade de forma integral e transformadora.

Na jornada espiritual proposta pela Apometria, os praticantes exploram as fronteiras do conhecimento humano, adentrando em realidades além do que é perceptível pelos sentidos físicos. Através de práticas como a meditação, visualização criativa e contato com guias espirituais, é possível acessar informações e energias que estão além do plano material. Essa jornada leva à compreensão de que somos seres multidimensionais, conectados a uma vasta teia cósmica de consciência.

Além de promover a cura espiritual individual, a Apometria também busca auxiliar na transformação coletiva da humanidade. Ao transcender as fronteiras limitadas do ego e da separação, os praticantes de Apometria trabalham para estabelecer uma consciência de unidade e amor incondicional.

Através da prática da empatia, compaixão e serviço ao próximo, eles buscam criar um mundo mais harmônico e equilibrado, onde a espiritualidade e a ciência caminham juntas na busca do conhecimento e da evolução.

Na Apometria, navegar pelas ondas da transformação espiritual é abraçar o fluxo do Universo e confiar no processo de crescimento interno. À medida que mergulhamos nessas ondas, nos conectamos com a sabedoria divina que guia nosso caminho. Essa conexão nos lembra que somos parte de algo maior, que estamos interligados a todas as coisas e que nossa transformação individual contribui para a transformação coletiva. Ao navegar pelas ondas da transformação, somos impulsionados a viver com mais autenticidade, compaixão e gratidão, ancorando a energia de evolução espiritual em nossas vidas e no mundo ao nosso redor.

A jornada da alma na Apometria nos leva a um processo profundo de autotransformação, onde aprendemos a reconhecer e integrar todos os aspectos de nossa personalidade. Exploramos os recantos mais sombrios de nossa psique, buscando a cura e o equilíbrio interior. Ao confrontar nossas sombras e aceitar nossas imperfeições, nos abrimos para um novo nível de consciência, onde a autenticidade e a compaixão se tornam guias em nossa jornada de autotranscendência.

O poder da integração entre ciência e espiritualidade na Apometria reside na capacidade de fornecer uma base sólida e racional para a exploração de fenômenos espirituais. Através do estudo das leis universais, da física quântica e da consciência, a Apometria busca entender os mecanismos sutis que permeiam a realidade. Essa abordagem científica permite que as práticas espirituais sejam acessadas e compreendidas de maneira mais acessível e concreta, permitindo que mais pessoas se beneficiem desse conhecimento e promovam a integração entre esses dois campos aparentemente divergentes.

A Apometria é uma poderosa ferramenta de autotransformação que nos convida a mergulhar na jornada da alma em busca de crescimento espiritual e evolução pessoal. Através dessa prática, exploramos as profundezas de nossa própria essência, enfrentando nossos medos, limitações e padrões negativos. Com técnicas como o desdobramento espiritual e a identificação de energias intrusas, somos capazes de liberar bloqueios e traumas do passado, permitindo que nossa alma se eleve em direção à sua verdadeira natureza.

Conectar-se com a essência divina interior na Apometria implica em dissolver as ilusões de separação e reconhecer nossa interconexão com tudo o que existe. Ao desenvolver a empatia, a compaixão e a gratidão, nos abrimos para uma consciência expandida, onde podemos experimentar a unidade com o divino em todas as manifestações da vida. Essa conexão nos proporciona um profundo sentido de propósito e significado, e nos guia em nossa jornada espiritual rumo à autodescoberta e autorrealização.

Além da cura individual, a Apometria também oferece a possibilidade de harmonização energética coletiva. Em trabalhos em grupo, os praticantes se unem para direcionar energias positivas e criar uma atmosfera de amor, paz e cura. Através da sincronia e da intenção coletiva, é possível potencializar os efeitos curativos e harmonizadores, beneficiando não apenas os participantes do grupo, mas também o ambiente ao seu redor. A arte da cura e harmonização energética na Apometria nos leva a compreender o poder transformador das energias sutis e nos inspira a contribuir para a restauração do equilíbrio energético do mundo que nos cerca.

COMO FAZER UMA APOMETRIA

Encontre um local tranquilo e adequado para a sessão, onde você e o paciente possam se sentir confortáveis e relaxados.

Inicie com uma breve meditação ou momento de silêncio para criar um ambiente propício à prática.

Faça uma invocação espiritual, chamando por suas conexões com a luz, a sabedoria divina e os guias espirituais. Você pode utilizar palavras como:

Em nome da luz divina e do amor incondicional, invocamos a presença dos seres de luz, dos guias espirituais e das energias elevadas para nos auxiliarem nesta sessão de apometria. Que este trabalho seja realizado para o bem maior de todos os envolvidos e em total harmonia com o plano divino.

Sinta a presença das energias elevadas ao seu redor e visualize uma luz branca pura preenchendo o espaço.

Declare sua intenção para a sessão de apometria, definindo o propósito da prática e o desejo de ajudar o paciente em seu processo de cura e crescimento.

Peça permissão ao paciente para realizar a apometria, buscando seu consentimento e respeitando sua vontade.

Faça uma breve explanação sobre a apometria, explicando de forma simples o processo e os benefícios que podem ser alcançados.

Solicite ao paciente que relaxe e abra-se para receber as energias de cura e transformação durante a sessão.

Inicie a sessão de apometria de acordo com o método que está familiarizado, utilizando os comandos e técnicas apropriadas para atender às necessidades do paciente.

COMANDO PARA O DESDOBRAMENTO

"Eu comando que o paciente se sinta calmo, relaxado e pronto para o desdobramento do seu corpo sutil."

"Eu comando que a consciência do paciente se desprenda suavemente do seu corpo físico, permitindo uma experiência de desdobramento segura e harmoniosa."

"Eu comando que o paciente esteja protegido por uma luz divina durante todo o processo de desdobramento, garantindo a sua segurança e bem-estar."

"Eu comando que o paciente esteja consciente e em contato com sua intuição durante o desdobramento, para que possa fazer escolhas sábias e benéficas."

"Eu comando que o paciente tenha uma experiência clara, vívida e transformadora durante o desdobramento, permitindo insights e aprendizados profundos."

"Eu comando que o paciente se sinta conectado e amparado por seus guias espirituais e seres de luz durante o desdobramento, recebendo orientação e proteção."

"Eu comando que o corpo físico do paciente permaneça seguro e protegido enquanto sua consciência está desdobrada, mantendo o equilíbrio e a saúde."

"Eu comando que o paciente se sinta fortalecido e confiante em sua capacidade de explorar o plano astral, expandindo sua consciência e conhecimento."

"Eu comando que, ao final do desdobramento, a consciência do paciente retorne suavemente e gradualmente ao seu corpo físico, integrando-se com harmonia e equilíbrio."

"Eu comando que a experiência de desdobramento do paciente seja benéfica, promovendo a cura, o crescimento espiritual e o despertar de sua verdadeira essência."

COMANDOS ESPECIFICOS PARA A DOENÇA EM QUESTÃO

Curando com Apometria Doença: deficiência de 3-hidroxi-3-metilglutaril-CoA liase

Acessando na área de efeitos colaterais de sua criação quando ajudando no processo per si resolvendo 400 sistemas solares paralelos do futuro mais cruciais

Que todas as energias de medo sejam liberadas

Que o paciente esteja em equilíbrio com suas finanças, cultivando uma relação saudável com o dinheiro e atraindo abundância em sua vida

Que todas as energias de resistência ao amor e à aceitação sejam transmutadas em abertura e receptividade para experiências amorosas e relacionamentos saudáveis

Que o paciente esteja em equilíbrio com suas emoções, permitindo que elas sejam expressas e processadas de maneira saudável e construtiva

Que todas as energias de autonegação e autossacrifício sejam liberadas, permitindo que o paciente se valorize e cuide de si mesmo de maneira amorosa

Que o paciente esteja aberto para receber e integrar a sabedoria ancestral, honrando e conectando-se com suas raízes e herança cultural

Que todas as energias de autodecepção e autorrejeição sejam transmutadas em autocompaixão e amor incondicional por si mesmo

Que o paciente esteja em harmonia com suas relações interpessoais, cultivando conexões saudáveis, genuínas e enriquecedoras

Que o paciente esteja em sintonia com a gratidão e reconheça as oportunidades de crescimento em todas as experiências

Que todas as energias de padrões de relacionamento tóxicos sejam transmutadas em relacionamentos saudáveis e amorosos

Que todas as energias de resistência ao perdão e à cura sejam transmutadas em compaixão e liberação, permitindo que o paciente se liberte do passado

Que todas as energias de autossabotagem e procrastinação sejam liberadas, permitindo o progresso e o sucesso

Que todas as energias de resistência à mudança e estagnação sejam transformadas em abertura e fluidez diante das transformações da vida

Que o paciente esteja em equilíbrio com suas finanças, manifestando abundância e prosperidade em todas as áreas de sua vida

Acessando na área de viagem ao futuro resolvendo 400 encarnações sem estado vibracional mais cruciais

Que o paciente esteja em harmonia com seu propósito de vida, vivendo alinhado com seus valores e contribuindo para o bem maior

Que todas as energias de autonegligência e autossacrifício sejam liberadas, permitindo que o paciente cuide de si mesmo com amor e gentileza

Que todas as energias de limitação da criatividade e expressão sejam transmutadas em expressões autênticas e inspiradoras

Que o paciente esteja em sintonia com seu propósito de vida

Que todas as energias de solidão e isolamento sejam curadas, abrindo espaço para conexões significativas

Que o paciente esteja em sintonia com a sua essência autêntica, vivendo em congruência com seus valores e verdade interior

Que todas as energias de autocobrança e perfeccionismo sejam liberadas, permitindo que o paciente se aceite como um ser humano em constante aprendizado e evolução

Que todas as energias de raiva e ressentimento sejam transmutadas em perdão e compaixão

Que o paciente esteja em paz com suas experiências passadas e permita que elas se tornem fontes de aprendizado e crescimento

Que todas as energias de desequilíbrio emocional sejam harmonizadas

Que todas as energias de autossabotagem e autolimitação sejam liberadas, permitindo que o paciente se liberte de padrões negativos e manifeste todo o seu potencial

Que o paciente esteja em equilíbrio com a energia da gratidão, reconhecendo e valorizando as bênçãos presentes em sua vida

Que o paciente esteja aberto para receber e integrar a sabedoria ancestral, honrando suas raízes e tradições

Que o paciente esteja em equilíbrio com suas finanças, cultivando uma relação saudável e próspera com o dinheiro e a abundância

Acessando, na área do big bang, precisa ir depois desse do big bang e resolvendo 400 galaxias mais cruciais

Que o paciente esteja em sintonia com a sua intuição, confiando em sua voz interior como um guia confiável em suas decisões e escolhas

Que o paciente esteja em harmonia com a natureza e se conecte com a sua energia regeneradora

Que todas as energias de medo e insegurança sejam transformadas em confiança e coragem, permitindo que o paciente avance em direção aos seus sonhos e objetivos

Que o paciente esteja em equilíbrio com suas emoções, permitindo que elas sejam expressadas e processadas de forma saudável e construtiva

Que o paciente esteja em sintonia com sua essência espiritual, conectando-se profundamente com sua sabedoria interior

Que todas as energias de medo e insegurança sejam transformadas em confiança e coragem, permitindo que o paciente avance em direção aos seus sonhos e objetivos

Que todas as energias de medo e insegurança sejam liberadas, permitindo que o paciente se mova em direção aos seus sonhos com confiança

Que o paciente esteja aberto para receber e integrar a sabedoria dos guias e mentores espirituais, permitindo que sua orientação ilumine seu caminho

Que todas as energias de resistência ao amor e à conexão sejam transmutadas em abertura e receptividade para experiências amorosas e relacionamentos saudáveis

Que o paciente esteja em equilíbrio com suas necessidades físicas, emocionais, mentais e espirituais, cuidando de si de forma holística

Que o paciente esteja aberto para receber e integrar a sabedoria dos seres de luz e guias espirituais, permitindo que sua orientação divina ilumine seu caminho

Que todas as energias de autonegação e autossacrifício sejam liberadas, permitindo que o paciente coloque-se em primeiro lugar e cuide de si mesmo com amor e respeito

Que todas as energias de autonegação e falta de autoestima sejam liberadas, permitindo que o paciente reconheça seu valor intrínseco e se ame incondicionalmente

Que todas as energias de autopunição e autocastigo sejam transformadas em autocompaixão e autocuidado

Acessando na área de viagem á universos paralelos resolvendo 400 galaxias mais cruciais

Que todas as energias de padrões de relacionamento tóxicos sejam transmutadas em relacionamentos saudáveis e amorosos

Que todas as energias de autossabotagem e autorrestrição sejam liberadas, permitindo que o paciente se expresse plenamente e alcance seu potencial máximo

Que o paciente esteja em equilíbrio com suas finanças, cultivando uma relação saudável e próspera com o dinheiro e a abundância

Que o paciente esteja aberto para receber e integrar a sabedoria dos seres de luz e guias espirituais, permitindo que sua orientação divina ilumine seu caminho

Que o paciente esteja aberto para receber e integrar a sabedoria da natureza, conectando-se com os elementos e a energia vital ao seu redor

Que todas as energias de medo sejam liberadas

Que o paciente esteja alinhado com a sua verdadeira essência divina

Que todas as energias de resistência ao perdão e à cura sejam transmutadas em compaixão e liberação, permitindo que o paciente se liberte do passado

Que o paciente esteja em sintonia com sua intuição, ouvindo e confiando nas mensagens e insights que surgem de sua sabedoria interior

Que o paciente esteja em harmonia com o fluxo da vida, confiando na jornada e aceitando as experiências como oportunidades de crescimento

Que todas as energias de autocobrança e perfeccionismo sejam liberadas, permitindo que o paciente se aceite como um ser humano em constante aprendizado e evolução

Que o paciente esteja aberto para receber e integrar a sabedoria dos mestres espirituais e guias espirituais, buscando a orientação e os ensinamentos que ressoam com sua alma

Que o paciente esteja em sintonia com a sua intuição e confie nas respostas e orientações que surgem do seu ser interior

Que o paciente esteja em harmonia com seu propósito de vida, encontrando significado e realização em suas ações e contribuições para o mundo

Acessando na área do pensene resolvendo 400 aglomerados de galaxias mais cruciais

Que todas as energias de autonegação e autossabotagem sejam liberadas, permitindo que o paciente se ame e se valorize plenamente, reconhecendo sua própria importância e poder

Que o paciente esteja em equilíbrio com a energia da gratidão, reconhecendo e valorizando as bênçãos presentes em sua vida

Que todas as energias de limitação financeira sejam liberadas, permitindo que o paciente manifeste abundância e prosperidade em sua vida

Que o paciente esteja em sintonia com sua sabedoria interior e tome decisões alinhadas com seu bem maior

Que o paciente esteja em equilíbrio com suas finanças, cultivando uma relação saudável e próspera com o dinheiro e a abundância

Que o paciente esteja em harmonia com seu corpo físico, nutrindo-o com alimentos saudáveis e exercícios adequados

Que o paciente esteja em equilíbrio com suas finanças, cultivando uma relação saudável e próspera com o dinheiro

Que todas as energias de autossabotagem e autolimitação sejam liberadas, permitindo que o paciente se liberte de padrões negativos e alcance sua plenitude

Que todas as energias de desconexão espiritual sejam curadas, permitindo uma conexão profunda com o divino

Que todas as energias de medo e insegurança sejam transformadas em coragem e confiança, permitindo que o paciente viva uma vida plena e autêntica

Que o paciente esteja em sintonia com sua verdade interior, honrando sua autenticidade e vivendo em alinhamento com seus valores mais profundos

Que todas as energias de medo e insegurança sejam transformadas em confiança e coragem, permitindo que o paciente viva uma vida plena e autêntica

Que o paciente esteja em equilíbrio com os ciclos lunares e aproveite seu poder transformador

Que o paciente esteja em harmonia com seu corpo físico, nutrindo-o com alimentos saudáveis, exercícios adequados e descanso reparador

Acessando na área de erros na matriz pertinente ao acontecimento resolvendo 400 aglomerados de galaxias mais cruciais

Que todas as energias de resistência às mudanças sejam transmutadas em abertura e aceitação das transformações que ocorrem em sua vida

Que todas as energias de desequilíbrio hormonal sejam transmutadas em harmonia e vitalidade

Que todas as energias de autonegação e autossabotagem sejam liberadas, permitindo que o paciente se ame e se aceite plenamente, reconhecendo sua própria essência divina

Que todas as energias de autonegação e autossabotagem sejam liberadas, permitindo que o paciente abrace seu potencial e se permita brilhar

Que o paciente esteja em sintonia com sua sabedoria interior e tome decisões alinhadas com seu bem maior

Que todas as energias de autossabotagem e autolimitação sejam liberadas, permitindo que o paciente se liberte de padrões negativos e alcance sua plenitude

Que o paciente esteja em equilíbrio com suas finanças, manifestando abundância e prosperidade em todas as áreas de sua vida, permitindo que a energia do dinheiro flua livremente

Que todas as energias de medo e insegurança sejam transformadas em confiança e coragem, capacitando o paciente a seguir em frente com confiança em si mesmo e em seu caminho

Que todas as energias de autossabotagem e autolimitação sejam liberadas, permitindo que o paciente se liberte de padrões negativos e se abra para seu verdadeiro potencial

Que todas as energias de autonegligência e autocriticismo sejam liberadas, permitindo que o paciente se ame e se aceite integralmente

Que o paciente esteja em equilíbrio com suas emoções, permitindo que elas fluam de maneira saudável e expressando-as de forma construtiva

Que a saúde física, mental e emocional do paciente seja fortalecida

Que o paciente esteja em equilíbrio com sua vida profissional, encontrando propósito e satisfação em seu trabalho

Que todas as energias de autonegação e autossabotagem sejam liberadas, permitindo que o paciente se empodere e manifeste seu pleno potencial

Acessando na área do pensene resolvendo 400 amparos mais cruciais

Que o paciente esteja em harmonia com a natureza e se conecte com a sua energia regeneradora

Que o paciente esteja em paz com suas experiências passadas e permita que elas se tornem fontes de aprendizado e crescimento

Que o paciente esteja aberto para receber e integrar a sabedoria dos mestres espirituais e guias de luz em sua jornada

Que o paciente esteja em harmonia com seu propósito de vida, alinhando-se com suas paixões e contribuindo para o bem maior

Que todas as energias de medo e insegurança sejam transformadas em coragem e confiança, permitindo que o paciente viva uma vida plena e autêntica

Que o paciente esteja aberto para receber e integrar a sabedoria dos mestres espirituais e guias espirituais que o acompanham em seu caminho

Que o paciente esteja em sintonia com sua intuição, confiando nas mensagens e orientações que surgem de sua sabedoria interior

Que todas as energias de medo e insegurança sejam transformadas em confiança e coragem, permitindo que o paciente viva uma vida plena e autêntica

Que todas as energias de desequilíbrio emocional sejam harmonizadas

Que todas as energias de autossabotagem e autolimitação sejam liberadas, permitindo que o paciente abrace sua plenitude e realize todo o seu potencial

Que o paciente esteja em equilíbrio com suas finanças, manifestando abundância e prosperidade em todas as áreas de sua vida material

Que todas as energias de limitação mental e crenças negativas sejam liberadas, permitindo que o paciente cultive uma mentalidade positiva e empoderadora

Que todas as energias de autocrítica e autodepreciação sejam transmutadas em autocompaixão e autotransformação

Que o paciente esteja em sintonia com sua sabedoria interior, confiando nas respostas e orientações que emergem de seu ser mais profundo

Acessando na área de viagem ao futuro resolvendo 400 super aglomerados de galaxias paralelas do futuro mais cruciais

Que o paciente esteja em harmonia com a sua expressão criativa, permitindo que sua criatividade flua livremente em todas as áreas da vida

Que todas as energias de autossabotagem e autolimitação sejam liberadas, permitindo que o paciente acredite em seu potencial ilimitado e manifeste seus sonhos

Que todas as energias de autossabotagem e autolimitação sejam liberadas, permitindo que o paciente se liberte de padrões negativos e se abra para seu verdadeiro potencial

Que o paciente esteja em sintonia com sua sabedoria interior, confiando nas respostas e orientações que emergem de seu ser mais profundo

Que o paciente esteja em sintonia com sua sabedoria interior, confiando nas respostas e orientações que emergem de seu ser mais profundo

Que todas as energias de medo e insegurança sejam transformadas em confiança e coragem, permitindo que o paciente viva uma vida plena e autêntica

Que todas as energias de medo e insegurança sejam transformadas em confiança e coragem, permitindo que o paciente viva uma vida autêntica e empoderada

Que todas as energias de vícios e dependências sejam curadas e transformadas em autodomínio e liberdade

Que todas as energias de solidão e isolamento sejam curadas, abrindo espaço para conexões significativas

Que o paciente esteja em equilíbrio com sua vida profissional, encontrando propósito e satisfação em seu trabalho

Que todas as energias de autonegação e autossacrifício sejam liberadas, permitindo que o paciente se coloque em primeiro lugar e cuide de si mesmo com amor e autocompaixão

Que todas as energias de autonegação e autossabotagem sejam liberadas, permitindo que o paciente se ame e se valorize plenamente, reconhecendo sua própria divindade

Que todas as energias de autonegação e autossabotagem sejam liberadas, permitindo que o paciente se ame e se valorize plenamente, reconhecendo sua própria divindade

Que o paciente esteja alinhado com a gratidão e reconheça as bênçãos presentes em sua vida

Acessando na área de ações de raças mais inteligentes pertinente ao acontecimento resolvendo 400 sóis paralelos mais cruciais

Que todas as energias de autocrítica e autodepreciação sejam transmutadas em autocompaixão e amor próprio incondicional

Que o paciente esteja aberto para receber e integrar a sabedoria dos mestres espirituais e guias espirituais que o acompanham em seu caminho

Que todas as energias de raiva e ressentimento sejam transmutadas em perdão e compaixão

Que todas as energias de resistência ao perdão e à cura sejam transmutadas em liberação e transformação, permitindo que o paciente encontre paz e equilíbrio interior

Que o paciente esteja em sintonia com sua essência divina, reconhecendo a conexão com o divino dentro de si e em tudo ao seu redor

Que todas as energias de autossabotagem e autolimitação sejam liberadas, permitindo que o paciente se liberte de padrões negativos e alcance sua plenitude

Que todas as energias de autodúvida e insegurança sejam transformadas em confiança e autoconfiança inabaláveis

Que todas as energias de estresse e tensão sejam liberadas, permitindo que o paciente se sinta relaxado e em paz

Que o paciente esteja em harmonia com o fluxo da vida, confiando na jornada e aceitando as mudanças que surgem

Que o paciente esteja em equilíbrio com suas emoções, cultivando a capacidade de reconhecer, compreender e expressar suas emoções de maneira saudável

Que todas as energias de autocrítica e autodepreciação sejam transmutadas em autocompaixão e amor próprio incondicional

Que todas as energias de autossabotagem e autolimitação sejam liberadas, permitindo que o paciente se liberte de padrões negativos e manifeste todo o seu potencial

Que todas as energias de autossabotagem e autolimitação sejam liberadas, permitindo que o paciente se liberte de padrões negativos e manifeste todo o seu potencial

Que o paciente esteja em equilíbrio com suas finanças, cultivando uma relação saudável e próspera com o dinheiro e a abundância

Acessando na área de viagem ao passado resolvendo 400 universos paralelos do futuro mais cruciais

Que o paciente esteja alinhado com a gratidão e reconheça as bênçãos presentes em sua vida

Que o paciente esteja em equilíbrio com sua vida profissional, encontrando propósito e satisfação em seu trabalho

Que todas as energias de bloqueio criativo sejam liberadas, permitindo que o paciente se expresse livremente

Que todas as energias de autonegação e autossacrifício sejam liberadas, permitindo que o paciente se priorize e cuide de si mesmo com amor e gentileza

Que todas as energias de medo e insegurança sejam transformadas em coragem e confiança, permitindo que o paciente viva uma vida plena de autenticidade e empoderamento

Que todas as energias de resistência ao perdão e à cura sejam transmutadas em liberação, permitindo que o paciente perdoe a si mesmo e aos outros, alcançando a paz interior

Que todas as energias de ressentimento e mágoa sejam liberadas, permitindo o fluxo livre do amor em sua vida

Que o paciente esteja aberto para receber orientação e inspiração divina em sua jornada

Que todas as energias de autonegação e autossabotagem sejam liberadas, permitindo que o paciente abrace seu potencial e se permita brilhar

Que o paciente esteja em sintonia com sua autenticidade, expressando-se verdadeiramente e vivendo de acordo com sua verdade interior

Que o paciente esteja em harmonia com seu propósito de vida, encontrando significado e realização em suas ações e contribuições para o mundo

Que todas as energias de autocrítica e autodepreciação sejam transmutadas em autocompaixão e amor próprio

Que todas as energias de apego a padrões limitantes sejam liberadas, permitindo a transformação e o crescimento pessoal

Que todas as energias de autodestruição e autossabotagem sejam transformadas em amor e autocuidado

Acessando na área de erros na matriz pertinente ao acontecimento resolvendo 400 galaxias paralelas mais cruciais

Que o paciente esteja aberto para receber as energias de cura disponíveis no universo

Que todas as energias de medo e insegurança sejam transformadas em confiança e coragem, permitindo que o paciente avance em direção aos seus sonhos e objetivos

Que todas as energias de autonegação e autossabotagem sejam liberadas, permitindo que o paciente se ame e se aceite plenamente, reconhecendo sua própria essência divina

Que o paciente esteja em equilíbrio com suas finanças, cultivando uma relação saudável com o dinheiro e atraindo abundância em sua vida

Que o paciente esteja alinhado com a sua essência espiritual e viva uma vida autêntica

Que todas as energias de resistência ao perdão sejam transmutadas em liberação e cura, permitindo que o paciente perdoe a si mesmo e aos outros

Que a saúde física, mental e emocional do paciente seja fortalecida

Que o paciente esteja em paz com seu passado e libere todas as energias ligadas a eventos passados

Que todas as energias de autossabotagem e autolimitação sejam liberadas, permitindo que o paciente se liberte de padrões negativos e manifeste todo o seu potencial

Que todas as energias de tristeza e depressão sejam curadas

Que todas as energias de resistência ao perdão e à cura sejam transmutadas em liberação e transformação, permitindo que o paciente encontre paz e equilíbrio interior

Que todas as energias de resistência ao perdão e à cura sejam transmutadas em liberação e transformação, permitindo que o paciente encontre paz e equilíbrio interior

Que todas as energias de autonegação e autossacrifício sejam liberadas, permitindo que o paciente se priorize e cuide de suas necessidades pessoais

Que o paciente esteja aberto para receber e integrar a sabedoria dos mestres espirituais e guias espirituais, encontrando orientação e inspiração em seu caminho

Acessando na área de viagem ao futuro resolvendo 400 sóis mais cruciais

Que todas as energias de autossabotagem e autolimitação sejam liberadas, permitindo que o paciente se expanda além de seus próprios limites e alcance seu pleno potencial

Que o paciente esteja em harmonia com seu sistema de crenças e libere quaisquer padrões limitantes

Que todas as energias desequilibradas sejam transmutadas em luz

Que todas as energias de crenças limitantes e autoimpostas sejam liberadas, permitindo a expansão do potencial do paciente

Que todas as energias desequilibradas sejam transmutadas em luz

Que todas as energias de autossabotagem e autolimitação sejam liberadas, permitindo que o paciente se expanda além de seus próprios limites e alcance seu pleno potencial

Que todas as energias de autonegação e autorrejeição sejam liberadas, permitindo que o paciente se ame incondicionalmente

Que todas as energias de autodúvida e insegurança sejam transformadas em confiança e autoconfiança inabaláveis

Que todas as energias de autonegação e autocriticismo sejam liberadas, permitindo que o paciente se ame e se aceite incondicionalmente

Que a harmonia e o equilíbrio sejam restaurados no campo energético do paciente

Que todas as energias de autossabotagem e autolimitação sejam liberadas, permitindo que o paciente se liberte de padrões negativos e se abra para seu verdadeiro potencial

Que o paciente esteja em equilíbrio com suas finanças, manifestando abundância e prosperidade em todas as áreas de sua vida material, utilizando seus recursos de maneira consciente e generosa

Que todas as energias de autossabotagem e autolimitação sejam liberadas, permitindo que o paciente se liberte de padrões negativos e manifeste todo o seu potencial

Que o paciente esteja em sintonia com sua espiritualidade, cultivando uma conexão profunda com o divino e vivendo em alinhamento com seus princípios espirituais

Acessando, na área do big bang, precisa ir antes do big bang e resolvendo 400 oportunidades perdidas mais cruciais

Que todas as energias de resistência ao amor e à aceitação sejam transmutadas em abertura e receptividade para experiências amorosas e relacionamentos saudáveis

Que todas as energias de medo e insegurança sejam liberadas, permitindo que o paciente se mova em direção aos seus sonhos com confiança

Que o paciente esteja aberto para receber e integrar a sabedoria dos ancestrais, honrando suas raízes e conectando-se com a sabedoria ancestral que os precedeu

Que todas as energias de autossabotagem e autolimitação sejam liberadas, permitindo que o paciente se liberte de padrões negativos e manifeste todo o seu potencial

Que todas as energias de autodúvida e insegurança sejam transformadas em confiança e empoderamento, permitindo que o paciente viva sua vida com coragem e determinação

Que o paciente esteja em equilíbrio com as suas finanças, manifestando prosperidade e abundância em todas as áreas

Que todas as energias de autossabotagem e autolimitação sejam liberadas, permitindo que o paciente se liberte de padrões negativos e alcance sua plenitude

Que todas as energias de autodúvida e insegurança sejam transformadas em confiança e autoconfiança inabaláveis

Que o paciente esteja em sintonia com sua intuição, ouvindo e confiando nas mensagens e insights que surgem de sua sabedoria interior

Que todas as energias de autossabotagem e autolimitação sejam liberadas, permitindo que o paciente se expanda além de seus próprios limites e alcance seu pleno potencial

Que o paciente esteja aberto para receber e integrar a sabedoria dos mestres espirituais e guias espirituais, encontrando orientação em sua jornada espiritual

Que todas as energias de insatisfação e busca externa de felicidade sejam liberadas, permitindo que o paciente encontre a paz interior

Que todas as energias de autonegação e autorrejeição sejam liberadas, permitindo que o paciente se ame incondicionalmente

Que o paciente esteja em harmonia com o fluxo do universo, confiando na ordem e na sabedoria divina em sua jornada

Acessando na área de ações de universos paralelos pertinente ao acontecimento resolvendo 400 encarnações sem tenepes mais cruciais

Que o paciente esteja em sintonia com sua intuição, confiando nas mensagens e orientações que surgem de sua sabedoria interior

Que todas as energias de autocrítica e baixa autoestima sejam transformadas em amor-próprio e autoaceitação

Que todas as energias de resistência ao amor e à aceitação sejam transmutadas em abertura e receptividade para experiências amorosas e relacionamentos saudáveis

Que o paciente esteja alinhado com a sua verdadeira essência divina

Que o paciente esteja aberto para receber e integrar a sabedoria dos seres de luz e guias espirituais, permitindo que sua orientação divina ilumine seu caminho

Que todas as energias de autossabotagem e autolimitação sejam liberadas, permitindo que o paciente se liberte de padrões negativos e expanda seu potencial infinito

Que todas as energias de padrões de relacionamento tóxicos sejam transmutadas em relacionamentos saudáveis e amorosos

Que o paciente esteja em sintonia com sua intuição, ouvindo e confiando nas mensagens e insights que surgem de sua sabedoria interior

Que o paciente esteja aberto para receber e manifestar a sua criatividade em todas as áreas da sua vida

Que todas as energias de medo e insegurança sejam transformadas em coragem e confiança inabaláveis, permitindo que o paciente siga adiante com determinação e fé

Que o paciente esteja aberto para receber e integrar a sabedoria dos mestres espirituais e guias espirituais, permitindo que sua orientação ilumine seu caminho e sua jornada

Que todas as energias de crenças limitantes e autoimpostas sejam liberadas, permitindo a expansão do potencial do paciente

Que o paciente esteja em harmonia com suas emoções e saiba processá-las de forma saudável e equilibrada

Que todas as energias de autossabotagem e autolimitação sejam liberadas, permitindo que o paciente se liberte de padrões negativos e alcance sua plenitude

Acessando, na área do big bang, precisa ir antes do big bang e resolvendo 400 amparos mais cruciais

Que o paciente esteja em sintonia com sua autenticidade, expressando-se verdadeiramente e vivendo de acordo com sua verdade interior

Que todas as energias de resistência ao perdão e à cura sejam transmutadas em liberação, permitindo que o paciente perdoe a si mesmo e aos outros, alcançando a paz interior

Que todas as energias de autocrítica e autodepreciação sejam transmutadas em autocompaixão e autossustentação

Que todas as energias de autoestagnação e falta de motivação sejam transformadas em inspiração e entusiasmo

Que o paciente esteja aberto para receber e integrar a sabedoria dos seres de luz e guias espirituais, permitindo que sua orientação divina ilumine seu caminho

Que o paciente esteja em equilíbrio com suas finanças, manifestando prosperidade e abundância em todas as áreas de sua vida material, honrando e gerenciando seus recursos com sabedoria

Que todas as energias de autossabotagem e autolimitação sejam liberadas, permitindo que o paciente se liberte de padrões negativos e expanda seu potencial infinito

Que o paciente esteja aberto para receber e integrar a sabedoria dos mestres espirituais e guias espirituais, encontrando orientação e inspiração em seu caminho

Que o paciente esteja em sintonia com sua sabedoria interior, confiando nas respostas e orientações que emergem de seu ser mais profundo

Que o paciente esteja aberto para receber e integrar a sabedoria dos mestres espirituais e guias espirituais, encontrando orientação e inspiração em seu caminho

Que o paciente esteja em sintonia com sua sabedoria interior, confiando nas respostas e orientações que emergem de sua conexão com o Eu Superior

Que o paciente esteja aberto para receber e integrar a sabedoria dos guias e mentores espirituais, permitindo que sua orientação ilumine seu caminho

Que o paciente esteja aberto para receber e integrar a sabedoria ancestral, honrando e aprendendo com as tradições e conhecimentos passados

Que o paciente esteja aberto para receber orientação e inspiração divina em sua jornada

Acessando na área de terapia incapaz resolvendo 400

encarnações com problemas genéticos mais cruciais

Que o paciente esteja aberto para receber e integrar a

sabedoria dos mestres espirituais e guias espirituais, buscando

a orientação e os ensinamentos que ressoam com sua alma

Que todas as energias de medo e insegurança sejam

transformadas em confiança e coragem, capacitando o

paciente a seguir em frente com confiança em si mesmo e em

seu caminho

Que o paciente esteja aberto para receber e integrar a

sabedoria dos mestres espirituais e guias espirituais,

encontrando orientação e inspiração em seu caminho

Que o paciente esteja em sintonia com sua intuição, confiando

nas mensagens e orientações que surgem de sua sabedoria

interior

Que todas as energias de autopunição e autocastigo sejam

transformadas em autocompaixão e autocuidado

Que todas as energias de autoestagnação e falta de motivação sejam transformadas em inspiração e entusiasmo

Que todas as energias de medo e insegurança sejam transformadas em coragem e confiança, permitindo que o paciente viva uma vida plena de autenticidade e empoderamento

Que o paciente esteja em sintonia com sua sabedoria interior, confiando nas respostas e orientações que surgem de sua conexão com sua essência mais profunda

Que o paciente esteja em equilíbrio com suas finanças, manifestando abundância e prosperidade em todas as áreas de sua vida material

Que todas as energias de medo e insegurança sejam transformadas em confiança inabalável e coragem, permitindo que o paciente viva uma vida autêntica e empoderada

Que todas as energias de autonegação e autossacrifício sejam liberadas, permitindo que o paciente se coloque em primeiro lugar e cuide de suas necessidades

Que todas as energias de autossabotagem e procrastinação sejam liberadas, permitindo o progresso e o sucesso

Que o paciente esteja em sintonia com a sua essência espiritual e conectado com a sua divindade interior

Que todas as energias de bloqueio criativo sejam liberadas, permitindo que o paciente se expresse livremente

Acessando, na área do big bang, precisa ir depois desse do big bang e resolvendo 400 mortes interrompidas mais cruciais

Que o paciente esteja em harmonia com o fluxo da vida, fluindo com graça e facilidade diante das mudanças e desafios que surgem em seu caminho

Que todas as energias de autodestruição e autossabotagem sejam transformadas em amor e autocuidado

Que todas as energias de medo e insegurança sejam transformadas em coragem e confiança inabaláveis, permitindo que o paciente siga adiante com determinação e fé

Que o paciente esteja em sintonia com sua sabedoria interior, confiando nas respostas e orientações que emergem de sua conexão com o Eu Superior

Que todas as energias de autocrítica e baixa autoestima sejam transformadas em amor-próprio e autoaceitação

Que o paciente esteja aberto para receber e integrar a sabedoria dos mestres espirituais e guias espirituais, buscando a orientação e os ensinamentos que ressoam com sua alma

Que o paciente esteja em equilíbrio com os elementos da Terra

Que todas as energias de resistência ao perdão e à cura sejam transmutadas em liberação e transformação, permitindo que o paciente encontre paz e equilíbrio interior

Que todas as energias de autonegação e falta de amor próprio sejam transformadas em autocompaixão e autocuidado

Que todas as energias de autonegação e autorrejeição sejam liberadas, permitindo que o paciente se ame incondicionalmente

Que todas as energias de resistência ao amor e à aceitação sejam transmutadas em abertura e receptividade para experiências amorosas e relacionamentos saudáveis

Que o paciente esteja em harmonia com o fluxo da vida, aceitando as mudanças e fluindo com graça e facilidade

Que todas as energias de insatisfação e busca externa de felicidade sejam liberadas, permitindo que o paciente encontre a paz interior

Que o paciente esteja em harmonia com seu corpo físico, nutrindo-o com alimentos saudáveis e exercícios adequados

Acessando na área de viagem ao passado resolvendo 400 universos paralelos do passado mais cruciais

Que todas as energias de medo e insegurança sejam transformadas em confiança e coragem, permitindo que o paciente viva uma vida autêntica e empoderada

Que o paciente esteja em sintonia com sua essência divina, reconhecendo sua conexão com o divino e vivendo em alinhamento com seu propósito espiritual

Que todas as energias de autonegação e autossacrifício sejam liberadas, permitindo que o paciente se cuide e se ame incondicionalmente

Que todas as energias de resistência ao amor e à conexão sejam transmutadas em abertura e receptividade para experiências amorosas e relacionamentos saudáveis

Que todas as energias de autoestagnação e falta de motivação sejam transformadas em inspiração e entusiasmo

Que todas as energias de autocrítica e autodepreciação sejam transformadas em autocompaixão e amor-próprio

Que todas as energias de resistência ao perdão sejam transmutadas em liberação e cura, permitindo que o paciente perdoe a si mesmo e aos outros

Que o paciente esteja em sintonia com a sua essência espiritual e conectado com a sua divindade interior

Que o paciente esteja em harmonia com os seres espirituais de luz e receba sua orientação e proteção

Que o paciente esteja em sintonia com sua essência divina, reconhecendo sua conexão com o divino e vivendo em alinhamento com seu propósito espiritual

Que o paciente esteja em harmonia com a natureza e se conecte com a sua energia regeneradora

Que todas as energias de resistência ao amor próprio e à autenticidade sejam transmutadas em aceitação incondicional e valorização de si mesmo

Que todas as energias de medo e insegurança sejam transformadas em coragem e confiança, permitindo que o paciente viva uma vida plena de autenticidade e empoderamento

Que o paciente esteja em harmonia com o fluxo do universo, confiando nas sincronicidades e nas oportunidades que se apresentam em sua jornada

Acessando na área de ações de raças mais inteligentes pertinente ao acontecimento resolvendo 400 sistemas solares paralelos do passado mais cruciais

Que todas as energias de culpa e vergonha sejam liberadas, permitindo que o paciente se perdoe e se aceite

Que todas as energias de autocrítica e autodepreciação sejam transmutadas em autocompaixão e autossustentação

Que todas as energias de autonegação e autossacrifício sejam liberadas, permitindo que o paciente se priorize e cuide de si mesmo com amor e gentileza

Que o paciente esteja em paz com seu passado e libere todas as energias ligadas a eventos passados

Que todas as energias de desespero e desesperança sejam transmutadas em fé e otimismo

Que o paciente esteja aberto para receber insights e clareza em relação aos desafios que enfrenta

Que o paciente esteja em sintonia com a sua essência espiritual e conectado com a sua divindade interior

Que todas as energias de autossabotagem e autolimitação sejam liberadas, permitindo que o paciente se liberte de padrões negativos e se abra para seu verdadeiro potencial

Que o paciente esteja alinhado com a gratidão e reconheça as bênçãos presentes em sua vida

Que o paciente esteja em equilíbrio com o seu poder pessoal e use-o de forma responsável e amorosa

Que todas as energias de autossabotagem e autolimitação sejam liberadas, permitindo que o paciente se liberte de padrões negativos e manifeste todo o seu potencial

Que todas as energias de resistência ao amor e à conexão sejam transmutadas em abertura e receptividade para experiências amorosas e relacionamentos saudáveis

Que o paciente esteja em sintonia com a sua essência espiritual e conectado com a sua divindade interior

Que o paciente esteja em paz com suas experiências passadas e permita que elas se tornem fontes de aprendizado e crescimento

Acessando na área de ações de universos paralelos pertinente ao acontecimento resolvendo 400 encarnações com problemas genéticos mais cruciais

Que o paciente esteja em sintonia com sua sabedoria interior, confiando nas respostas e orientações que emergem de seu ser mais profundo

Que o paciente esteja em harmonia com o fluxo da vida, fluindo com graça e facilidade diante das mudanças e desafios que surgem em seu caminho

Que todas as energias de autocrítica e baixa autoestima sejam transformadas em amor-próprio e autoaceitação

Que o paciente esteja aberto para receber e integrar a sabedoria dos mestres espirituais e guias espirituais, permitindo que sua orientação ilumine seu caminho e sua jornada

Que o paciente esteja em equilíbrio com o fluxo de energia do universo e se abra para receber suas bênçãos

Que todas as energias de autossabotagem e autolimitação sejam liberadas, permitindo que o paciente se liberte de padrões negativos e se expanda para alcançar seu pleno potencial

Que o paciente esteja em harmonia com seu propósito de vida, encontrando significado e realização em suas ações e contribuições para o mundo

Que todas as energias de autojulgamento e autocrítica sejam transformadas em autocompaixão e amor-próprio

Que todas as energias de culpa e remorso sejam transformadas em perdão, tanto para si mesmo quanto para os outros

Que todas as memórias traumáticas sejam curadas e liberadas

Que o paciente esteja aberto para receber cura em seus relacionamentos e libere quaisquer padrões disfuncionais

Que o paciente esteja em harmonia com seu propósito de vida e encontre alegria e realização em suas atividades

Que todas as energias de autonegação e autorrejeição sejam liberadas, permitindo que o paciente se ame incondicionalmente

Que todas as memórias traumáticas sejam curadas e liberadas

Acessando na área de viagem á universos paralelos resolvendo 400 galaxias paralelas mais cruciais

Que todas as energias de padrões de relacionamento tóxicos sejam transmutadas em relacionamentos saudáveis e amorosos

Que todas as energias de autoestagnação e falta de motivação sejam transformadas em inspiração e entusiasmo

Que todas as energias de resistência às mudanças sejam transmutadas em fluidez e aceitação

Que todas as energias de autojulgamento e autocrítica sejam transformadas em autocompaixão e amor-próprio

Que o paciente esteja aberto para receber cura em todos os níveis: físico, emocional, mental e espiritual

Que todas as energias de preocupação excessiva com o futuro sejam liberadas, permitindo que o paciente viva no presente

Que o paciente esteja em sintonia com sua sabedoria interior, confiando nas respostas e orientações que emergem de seu ser mais profundo

Que todas as energias de medo e insegurança sejam transformadas em confiança e coragem, permitindo que o paciente viva uma vida autêntica e empoderada

Que todas as energias de autodestruição e autossabotagem sejam transformadas em amor e autocuidado

Que todas as energias de limitação financeira sejam transmutadas em abundância e prosperidade

Que todas as energias de vícios e dependências sejam curadas e transformadas em autodomínio e liberdade

Que o paciente esteja aberto para receber insights e clareza em relação aos desafios que enfrenta

Que o paciente esteja em equilíbrio com as suas finanças, manifestando prosperidade e abundância em todas as áreas

Que o paciente esteja em harmonia com os seres espirituais de luz e receba sua orientação e proteção

Acessando na área de ações de raças atrasadas pertinente ao acontecimento resolvendo 400 sóis paralelos do passado mais cruciais

Que todas as energias de autodestruição e autossabotagem sejam transformadas em amor e autocuidado

Que todas as energias de autonegação e falta de amor próprio sejam transformadas em autocompaixão e autocuidado

Que todas as energias de insatisfação e busca externa de felicidade sejam liberadas, permitindo que o paciente encontre a paz interior

Que a saúde física, mental e emocional do paciente seja fortalecida

Que o paciente esteja em equilíbrio com os ciclos naturais da vida, aceitando e fluindo com as mudanças

Que o paciente esteja alinhado com sua intuição e seja guiado por ela em todas as áreas de sua vida

Que todas as energias desequilibradas sejam transmutadas em luz

Que o paciente esteja em harmonia com seu propósito de vida e encontre alegria e realização em suas atividades

Que todas as energias de autocrítica e autodepreciação sejam transformadas em autocompaixão e amor-próprio

Que todas as energias de autocensura e limitação da expressão sejam liberadas, permitindo que o paciente se expresse livremente

Que todas as energias de autodestruição e autossabotagem sejam transformadas em amor e autocuidado

Que o paciente esteja aberto para receber e manifestar a sua criatividade em todas as áreas da sua vida

Que o paciente esteja em sintonia com a abundância do universo e permita que ela flua em sua vida

Que todas as energias de bloqueio criativo sejam liberadas, permitindo que o paciente se expresse livremente

Acessando na área de ações de raças mais inteligentes pertinente ao acontecimento resolvendo 400 sistemas solares paralelos do futuro mais cruciais

Que o paciente esteja em equilíbrio com o fluxo de energia do universo e se abra para receber suas bênçãos

Que todas as energias de estresse e tensão sejam liberadas, permitindo que o paciente se sinta relaxado e em paz

Que todas as energias de bloqueio criativo sejam liberadas, permitindo que o paciente se expresse livremente

Que o paciente esteja em equilíbrio com os elementos da natureza, encontrando inspiração e nutrição em sua energia

Que o paciente esteja em paz com suas experiências passadas e permita que elas se tornem fontes de aprendizado e crescimento

Que todas as energias de autonegação e falta de amor próprio sejam transformadas em autocompaixão e autocuidado

Que o paciente esteja em equilíbrio com as suas finanças, manifestando prosperidade e abundância em todas as áreas

Que todas as energias de autocrítica e autodepreciação sejam transformadas em autocompaixão e amor-próprio

Que o paciente esteja em equilíbrio com os elementos da natureza, encontrando inspiração e nutrição em sua energia

Que todas as energias de medo e insegurança sejam liberadas, permitindo que o paciente se mova em direção aos seus sonhos com confiança

Que todas as energias de apego a padrões limitantes sejam liberadas, permitindo a transformação e o crescimento pessoal

Que todas as energias de resistência às mudanças sejam transmutadas em fluidez e aceitação

Que todas as energias de bloqueio criativo sejam liberadas, permitindo que o paciente se expresse livremente

Que o paciente esteja em harmonia com suas emoções e saiba processá-las de forma saudável e equilibrada

Acessando na área de ações de universos paralelos pertinente ao acontecimento resolvendo 400 super aglomerados de galaxias paralelas do futuro mais cruciais

Que o paciente esteja em harmonia com a natureza e se conecte com a sua energia regeneradora

Que todas as energias de autonegação e falta de amor próprio sejam transformadas em autocompaixão e autocuidado

Que todas as energias de autonegação e autorrejeição sejam liberadas, permitindo que o paciente se ame incondicionalmente

Que o paciente esteja aberto para receber e manifestar a sua criatividade em todas as áreas da sua vida

Que o paciente esteja alinhado com a gratidão e reconheça as bênçãos presentes em sua vida

Que o paciente esteja em harmonia com a natureza e se conecte com a sua energia regeneradora

Que o paciente esteja em equilíbrio com sua vida profissional, encontrando propósito e satisfação em seu trabalho

Que todas as energias de padrões de relacionamento tóxicos sejam transmutadas em relacionamentos saudáveis e amorosos

Que o paciente esteja em sintonia com sua intuição e confie em sua voz interior para guiar seus caminhos

Que todas as energias de limitação financeira sejam transmutadas em abundância e prosperidade

Que o paciente esteja em harmonia com suas emoções e saiba processá-las de forma saudável e equilibrada

Que o paciente esteja aberto para receber insights e clareza em relação aos desafios que enfrenta

Que todas as energias de autonegação e autorrejeição sejam liberadas, permitindo que o paciente se ame incondicionalmente

Que o paciente esteja em harmonia com seu corpo físico, nutrindo-o com alimentos saudáveis e exercícios adequados

Acessando na área de ações de raças mais inteligentes pertinente ao acontecimento resolvendo 400 sóis paralelos do passado mais cruciais

Que todas as energias de medo e insegurança sejam liberadas, permitindo que o paciente se mova em direção aos seus sonhos com confiança

Que todas as energias de limitação financeira sejam transmutadas em abundância e prosperidade

Que todas as energias de autocensura e limitação da expressão sejam liberadas, permitindo que o paciente se expresse livremente

Que o paciente esteja alinhado com a gratidão e reconheça as bênçãos presentes em sua vida

Que todas as energias de autonegação e autorrejeição sejam liberadas, permitindo que o paciente se ame incondicionalmente

Que o paciente esteja alinhado com a gratidão e reconheça as bênçãos presentes em sua vida

Que todas as energias de autocensura e limitação da expressão sejam liberadas, permitindo que o paciente se expresse livremente

Que todas as energias de padrões de relacionamento tóxicos sejam transmutadas em relacionamentos saudáveis e amorosos

Que o paciente esteja em equilíbrio com sua vida profissional, encontrando propósito e satisfação em seu trabalho

Que o paciente esteja em equilíbrio com sua vida profissional, encontrando propósito e satisfação em seu trabalho

Que todas as energias de desequilíbrio hormonal sejam transmutadas em harmonia e vitalidade

Que o paciente esteja em equilíbrio com sua vida profissional, encontrando propósito e satisfação em seu trabalho

Que todas as energias de autocensura e limitação da expressão sejam liberadas, permitindo que o paciente se expresse livremente

Que todas as energias de medo e insegurança sejam liberadas, permitindo que o paciente se mova em direção aos seus sonhos com confiança

Acessando na área de terapia incapaz resolvendo 400 super aglomerados de galaxias paralelas do passado mais cruciais

Que todas as energias de autonegação e autorrejeição sejam liberadas, permitindo que o paciente se ame incondicionalmente

Que todas as energias de padrões de relacionamento tóxicos sejam transmutadas em relacionamentos saudáveis e amorosos

Que todas as energias de medo e insegurança sejam liberadas, permitindo que o paciente se mova em direção aos seus sonhos com confiança

Que todas as energias de autonegação e autorrejeição sejam liberadas, permitindo que o paciente se ame incondicionalmente

Que todas as energias de autocensura e limitação da expressão sejam liberadas, permitindo que o paciente se expresse livremente

Que o paciente esteja em equilíbrio com as suas finanças, manifestando prosperidade e abundância em todas as áreas

Que o paciente esteja aberto para receber e manifestar a sua criatividade em todas as áreas da sua vida

Que todas as energias de desequilíbrio hormonal sejam transmutadas em harmonia e vitalidade

Que o paciente esteja aberto para receber e manifestar a sua criatividade em todas as áreas da sua vida

Que todas as energias de autocensura e limitação da expressão sejam liberadas, permitindo que o paciente se expresse livremente

Que o paciente esteja em equilíbrio com as suas finanças, manifestando prosperidade e abundância em todas as áreas

Que todas as energias de autocrítica e autodepreciação sejam transformadas em autocompaixão e amor-próprio

Que todas as energias de autodepreciação e baixa autoestima sejam liberadas, permitindo que o paciente reconheça seu valor intrínseco

Que o paciente esteja em sintonia com sua intuição, ouvindo e confiando nas mensagens e insights que surgem de sua sabedoria interior

Acessando na área de ações de raças mais inteligentes pertinente ao acontecimento resolvendo 400 super aglomerados de galaxias paralelas mais cruciais

Que o paciente esteja em harmonia com o fluxo do universo, confiando nas sincronicidades e nas oportunidades que se apresentam em sua jornada

Que todas as energias de autonegação e autossabotagem sejam liberadas, permitindo que o paciente se ame e se aceite plenamente, reconhecendo sua própria essência divina

Que o paciente esteja em equilíbrio com seus relacionamentos, estabelecendo conexões saudáveis, amorosas e harmoniosas

Que o paciente esteja em sintonia com sua essência divina, reconhecendo a conexão com o divino dentro de si e em tudo ao seu redor

Que o paciente esteja em equilíbrio com suas finanças, cultivando uma relação saudável e próspera com o dinheiro e a abundância

Que todas as energias de autossacrifício e negação das próprias necessidades sejam liberadas, permitindo que o paciente cuide de si mesmo

Que a força vital do paciente seja aumentada

Que o paciente esteja em sintonia com a sua intuição, confiando em sua voz interior como um guia confiável em suas decisões e escolhas

Que todas as energias de resistência ao perdão sejam transmutadas em liberação e cura, permitindo que o paciente perdoe a si mesmo e aos outros

Eu comando que todas as energias negativas sejam removidas do corpo do paciente

Que o paciente esteja em equilíbrio com o seu poder pessoal e use-o de forma responsável e amorosa

Que todas as energias de autossabotagem e procrastinação sejam liberadas, permitindo o progresso e o sucesso

Que todas as energias de raiva e ressentimento sejam transmutadas em perdão e compaixão

Que o paciente esteja em harmonia com suas emoções e saiba processá-las de forma saudável e equilibrada

Acessando na área de viagem ao passado resolvendo 400 universos paralelos do futuro mais cruciais

Que o paciente esteja em harmonia com seu sistema de crenças e libere quaisquer padrões limitantes

Que todas as energias de autonegação e autossabotagem sejam liberadas, permitindo que o paciente se ame e se aceite plenamente, reconhecendo sua própria essência divina

Eu comando que todas as energias negativas sejam removidas do corpo do paciente

Que o paciente esteja em harmonia com o tempo, vivendo o presente sem apego ao passado ou ansiedade em relação ao futuro

Que o paciente esteja em harmonia com seu propósito de vida e encontre alegria e realização em suas atividades

Que todas as energias de medo e insegurança sejam transformadas em confiança e coragem, permitindo que o paciente viva uma vida autêntica e empoderada

Que todas as energias de falta de propósito e desorientação sejam transformadas em clareza e direcionamento em relação à sua missão de vida

Que todas as energias de medo e insegurança sejam transformadas em confiança e coragem, capacitando o paciente a seguir em frente com confiança em si mesmo e em seu caminho

Que o paciente esteja alinhado com a sua essência espiritual e viva uma vida autêntica

Que todas as energias de tristeza e depressão sejam curadas

Que todas as energias de resistência ao amor e à aceitação sejam transmutadas em abertura e receptividade para experiências amorosas e relacionamentos saudáveis

Que o paciente esteja em sintonia com sua intuição e confie em sua voz interior para guiar seus caminhos

Que o paciente esteja em sintonia com a sua essência autêntica, vivendo em congruência com seus valores e verdade interior

Que o paciente esteja aberto para receber e integrar os ensinamentos e insights provenientes das suas experiências de vida

Acessando na área de viagem ao futuro resolvendo 400 sóis paralelos mais cruciais

Que todas as energias de resistência ao perdão e à cura sejam transformadas em abertura, aceitação e liberação

Que todas as energias de resistência ao perdão sejam transmutadas em liberação e cura, permitindo que o paciente perdoe a si mesmo e aos outros

Que o paciente esteja em equilíbrio com suas finanças, administrando-as de forma responsável e manifestando prosperidade e abundância

Que todas as energias de limitação da criatividade e expressão sejam transmutadas em expressões autênticas e inspiradoras

Que todas as energias de medo sejam liberadas

Que todas as energias de medo e insegurança sejam transformadas em confiança inabalável e coragem, permitindo que o paciente viva uma vida autêntica e empoderada

Que o paciente esteja em equilíbrio com suas finanças, cultivando uma relação saudável e próspera com o dinheiro

Que todas as energias de bloqueio financeiro e escassez sejam liberadas, permitindo que o paciente manifeste abundância e prosperidade em sua vida material

Que o paciente esteja em harmonia com seu propósito espiritual, seguindo o chamado de sua alma

Que todas as energias de resistência ao perdão sejam transmutadas em liberação e cura, permitindo que o paciente perdoe a si mesmo e aos outros

Que todas as energias de autossabotagem e autolimitação sejam liberadas, permitindo que o paciente acredite em seu potencial ilimitado e manifeste seus sonhos

Que todas as energias de bloqueio criativo sejam liberadas, permitindo que o paciente se expresse livremente

Que todas as energias de autocrítica e baixa autoestima sejam transformadas em amor-próprio e autoaceitação

Que o paciente esteja em harmonia com o fluxo da vida, aceitando e fluindo com as experiências que surgem em seu caminho, sabendo que tudo ocorre para seu crescimento e aprendizado

Acessando na área de ações de raças atrasadas pertinente ao acontecimento resolvendo 400 universos paralelos do passado mais cruciais

Que todas as energias de autodúvida e insegurança sejam transmutadas em confiança inabalável e autoconfiança

Que o paciente esteja em paz consigo mesmo e com o mundo ao seu redor

Que o paciente esteja em harmonia com sua sexualidade, cultivando uma relação saudável, respeitosa e prazerosa com sua própria expressão sexual

Que todas as energias de padrões hereditários e ancestrais negativos sejam liberadas, permitindo a cura e a transformação familiar

Que todas as energias de resistência ao perdão e à cura sejam transmutadas em compaixão e liberação, permitindo que o paciente se liberte do passado

Que o paciente esteja em harmonia com seu corpo físico, nutrindo-o com alimentos saudáveis, exercícios adequados e descanso reparador

Que o paciente esteja em sintonia com sua sabedoria interior e tome decisões alinhadas com seu bem maior

Que todas as energias de autossabotagem e autolimitação sejam liberadas, permitindo que o paciente se liberte de padrões negativos e expanda seu potencial infinito

Que o paciente esteja em harmonia com o fluxo do universo, confiando nas sincronicidades e nas oportunidades que se apresentam em sua jornada

Que o paciente esteja em sintonia com sua intuição, confiando nas respostas e orientações que surgem de sua sabedoria interna

Que todas as energias de autonegação e autossabotagem sejam liberadas, permitindo que o paciente se ame e se valorize plenamente, reconhecendo sua própria divindade

Que todas as energias de insatisfação e busca externa de felicidade sejam liberadas, permitindo que o paciente encontre a paz interior

Que todas as energias de limitação de relacionamentos sejam liberadas, permitindo que o paciente cultive relações amorosas, saudáveis e significativas

Que o paciente esteja em harmonia com sua sexualidade, honrando e celebrando sua expressão sexual de maneira saudável e respeitosa

Acessando na área de ações de raças atrasadas pertinente ao acontecimento resolvendo 400 aglomerados de galaxias mais cruciais

Que o paciente esteja aberto para receber cura em seus relacionamentos e libere quaisquer padrões disfuncionais

Que o paciente esteja aberto para receber e integrar a sabedoria dos mentores espirituais e guias espirituais em sua jornada de crescimento

Que o paciente esteja em equilíbrio com suas finanças, manifestando abundância e prosperidade em todas as áreas de sua vida

Que o paciente esteja em harmonia com seu propósito de vida, encontrando significado e realização em suas ações e contribuições para o mundo

Que todas as energias de autonegação e autossacrifício sejam liberadas, permitindo que o paciente se priorize e cuide de si mesmo com amor e compaixão

Que todas as energias de autonegação e autossacrifício sejam liberadas, permitindo que o paciente se cuide e se ame incondicionalmente

Que todas as energias de ressentimento e mágoa sejam liberadas, permitindo o fluxo livre do amor em sua vida

Que todas as energias de estresse e tensão sejam liberadas, permitindo que o paciente se sinta relaxado e em paz

Que todas as energias de autopiedade e vitimização sejam liberadas, permitindo que o paciente assuma responsabilidade por sua própria vida e escolhas

Que todas as energias de bloqueio da criatividade e expressão artística sejam liberadas, permitindo que o paciente se expresse livremente

Que todas as energias de autonegação e autossacrifício sejam liberadas, permitindo que o paciente se cuide e se ame incondicionalmente

Que todas as energias de estagnação e falta de progresso sejam liberadas, permitindo que o paciente avance em direção aos seus objetivos e sonhos

Que todas as energias de autopunição e autocastigo sejam transformadas em autocompaixão e autocuidado

Que todas as energias de autoisolamento e solidão sejam transmutadas em conexões significativas e apoio social

Acessando na área de viagem á universos paralelos resolvendo 400 mortes interrompidas mais cruciais

Que todas as energias de autonegação e autossacrifício sejam liberadas, permitindo que o paciente se coloque em primeiro lugar e cuide de si mesmo com amor e autocompaixão

Que o paciente esteja em harmonia com a natureza e se conecte com a sua energia regeneradora

Que o paciente esteja aberto para receber orientação e inspiração divina em sua jornada

Que todas as energias de autojulgamento e autocrítica sejam transformadas em autocompaixão e amor-próprio

Que todas as energias de limitação da criatividade e expressão sejam transmutadas em expressões autênticas e inspiradoras

Que todas as energias de apego a padrões limitantes sejam liberadas, permitindo a transformação e o crescimento pessoal

Que todas as energias de autonegação e autossacrifício sejam liberadas, permitindo que o paciente priorize seu bem-estar e necessidades pessoais

Que o paciente esteja alinhado com a sua essência espiritual e viva uma vida autêntica

Que o paciente esteja em sintonia com sua intuição, confiando nas mensagens e orientações que surgem de sua sabedoria interior

Que todas as energias de bloqueio da prosperidade e abundância sejam liberadas, permitindo que o paciente atraia e manifeste riqueza em todas as áreas de sua vida

Que todas as energias de autonegação e falta de autoestima sejam liberadas, permitindo que o paciente reconheça seu valor intrínseco e se ame incondicionalmente

Que o paciente esteja em equilíbrio com suas finanças, cultivando uma relação saudável e próspera com o dinheiro e a abundância

Que o paciente esteja em sintonia com sua essência divina, reconhecendo sua conexão com o divino e vivendo em alinhamento com seu propósito espiritual

Que todas as energias de tristeza e depressão sejam curadas Acessando na área de viagem ao passado resolvendo 400 mortes interrompidas mais cruciais

Que o paciente esteja aberto para receber e integrar o amor universal, expandindo sua capacidade de amar e ser amado

Que todas as energias de autonegligência e autossacrifício sejam liberadas, permitindo que o paciente cuide de si mesmo com amor e gentileza

Que o paciente esteja aberto para receber e integrar a sabedoria dos mestres espirituais e guias de luz

Que o paciente esteja aberto para receber e integrar a sabedoria dos mentores espirituais e guias espirituais em sua jornada de crescimento

Que todas as energias de autocrítica e autodepreciação sejam transmutadas em autocompaixão e amor próprio

Que todas as energias de estagnação e falta de progresso sejam liberadas, permitindo que o paciente avance em direção aos seus objetivos e sonhos

Que o paciente esteja em equilíbrio com a sua espiritualidade, cultivando uma conexão profunda com o divino

Que todos os bloqueios energéticos sejam liberados

Que todas as energias de autodúvida e insegurança sejam transmutadas em confiança inabalável e autoconfiança

Que o paciente esteja em sintonia com a sua voz autêntica, expressando-se com clareza, honestidade e integridade

Que todas as energias de escassez e falta sejam transmutadas em uma consciência de abundância e prosperidade

Que todas as energias de autodúvida e insegurança sejam transformadas em confiança e autoconfiança inabaláveis

Que o paciente esteja alinhado com a sua verdadeira essência divina

Que todas as energias de culpa e vergonha sejam liberadas, permitindo que o paciente se perdoe e se aceite

COMANDO PARA O CORPO FÍSICO

"Eu comando a revitalização e fortalecimento do sistema linfático na (mencionar a parte física do corpo) do paciente, promovendo a eliminação de toxinas e o fortalecimento do sistema imunológico

"Eu comando a harmonização e equilíbrio do sistema urinário na (mencionar a parte física do corpo) do paciente, promovendo a função saudável dos rins, bexiga e vias urinárias

"Eu comando a dissolução de quaisquer tensões e bloqueios nos músculos e tecidos na (mencionar a parte física do corpo) do paciente, permitindo o relaxamento e a flexibilidade

"Eu comando a restauração e harmonização do sistema endócrino na (mencionar a parte física do corpo) do paciente, promovendo o equilíbrio hormonal e o bom funcionamento das glândulas

"Eu comando a harmonização e equilíbrio do sistema reprodutor na (mencionar a parte física do corpo) do paciente, promovendo a saúde e o equilíbrio hormonal nessa região

"Eu comando a revitalização e regeneração dos órgãos internos na (mencionar a parte física do corpo) do paciente, promovendo a saúde e o funcionamento adequado desses órgãos

"Eu comando a aceleração do processo de cicatrização e regeneração dos tecidos na (mencionar a parte física do corpo) do paciente, permitindo uma recuperação rápida e eficaz

"Eu comando a harmonização e equilíbrio do sistema hormonal na (mencionar a parte física do corpo) do paciente, promovendo o bom funcionamento das glândulas endócrinas e o equilíbrio hormonal

"Eu comando a harmonização e equilíbrio das estruturas ósseas e articulações na (mencionar a parte física do corpo) do paciente, fortalecendo-as e permitindo um movimento fluido e sem restrições

"Eu comando a ativação e fortalecimento do sistema imunológico na (mencionar a parte física do corpo) do paciente, promovendo a resistência e a capacidade de defesa do organismo contra doenças e infecções

"Eu comando a harmonização e equilíbrio do sistema respiratório na (mencionar a parte física do corpo) do paciente, promovendo uma respiração clara e saudável

"Eu comando a ativação e fortalecimento das células, tecidos e órgãos na (mencionar a parte física do corpo) do paciente, promovendo a saúde e o bem-estar dessa região

"Eu comando a dissolução de quaisquer bloqueios ou tensões no sistema musculoesquelético na (mencionar a parte física do corpo) do paciente, permitindo o alívio de dores e a restauração da mobilidade

"Eu comando a ativação e fortalecimento do sistema imunológico na (mencionar a parte física do corpo) do paciente, fortalecendo sua capacidade de combater doenças e infecções

"Eu comando a restauração e revitalização completa da (mencionar a parte física do corpo) do paciente, permitindo-lhe funcionar de maneira ótima e saudável

"Eu comando a restauração e equilíbrio do sistema nervoso central na (mencionar a parte física do corpo) do paciente, promovendo a saúde e a função adequada do cérebro e da medula espinhal

"Eu comando a restauração e equilíbrio do sistema cardiovascular na (mencionar a parte física do corpo) do paciente, promovendo a saúde do coração e dos vasos sanguíneos

"Eu comando a restauração e equilíbrio do sistema endócrino na (mencionar a parte física do corpo) do paciente, promovendo o equilíbrio hormonal e o funcionamento adequado das glândulas endócrinas

"Eu comando a ativação e equilíbrio dos chakras e do campo energético na (mencionar a parte física do corpo) do paciente,

120

fortalecendo sua energia vital e protegendo contra influências

negativas

"Eu comando a ativação e fortalecimento do sistema

circulatório na (mencionar a parte física do corpo) do paciente,

promovendo a circulação sanguínea adequada e a oxigenação

dos tecidos

"Eu comando a dissolução de quaisquer bloqueios ou

obstruções nos sistemas circulatório e linfático na (mencionar

a parte física do corpo) do paciente, promovendo a circulação

adequada e a eliminação de toxinas

"Eu comando a cura e regeneração completa da (mencionar a

parte física do corpo) do paciente, restaurando-a para seu

estado de equilíbrio e saúde perfeita

"Eu comando a harmonização e equilíbrio do sistema digestivo

na (mencionar a parte física do corpo) do paciente, promovendo

a digestão saudável e a absorção adequada de nutrientes

"Eu comando a remoção de qualquer energia negativa ou nociva presente na (mencionar a parte física do corpo) do paciente, restaurando-a com luz e energia de cura

"Eu comando a revitalização e regeneração dos tecidos na (mencionar a parte física do corpo) do paciente, permitindo a cura e o restabelecimento da saúde nessa área específica

"Eu comando a ativação e fortalecimento do sistema digestivo na (mencionar a parte física do corpo) do paciente, promovendo a digestão eficiente e a absorção adequada de nutrientes

"Eu comando a dissolução de quaisquer bloqueios, inflamações ou dores na (mencionar a parte física do corpo) do paciente, permitindo um fluxo livre e harmonioso de energia vital

"Eu comando a dissolução de quaisquer bloqueios ou inflamações nas vias respiratórias na (mencionar a parte física do corpo) do paciente, permitindo uma respiração livre e saudável

"Eu comando a dissolução de quaisquer bloqueios ou tensões nos sistemas musculoesquelético e articulatório na (mencionar a parte física do corpo) do paciente, permitindo um movimento fluido e sem restrições

"Eu comando a revitalização e regeneração dos tecidos e órgãos na (mencionar a parte física do corpo) do paciente, promovendo a cura e o restabelecimento da saúde nessa região

"Eu comando a restauração e equilíbrio do sistema nervoso na (mencionar a parte física do corpo) do paciente, promovendo a saúde e o bom funcionamento dos nervos e das funções neurológicas

"Eu comando a ativação e fortalecimento do sistema cardiovascular na (mencionar a parte física do corpo) do paciente, promovendo a saúde do coração e a circulação sanguínea adequada

"Eu comando a restauração e equilíbrio do sistema imunológico na (mencionar a parte física do corpo) do paciente, fortalecendo sua capacidade de defesa contra doenças e infecções

"Eu comando a ativação e fortalecimento do sistema circulatório na (mencionar a parte física do corpo) do paciente, promovendo a circulação sanguínea adequada e a nutrição dos tecidos

"Eu comando a dissolução de quaisquer bloqueios ou tensões no sistema respiratório na (mencionar a parte física do corpo) do paciente, promovendo uma respiração livre e saudável

"Eu comando a revitalização e fortalecimento do sistema respiratório na (mencionar a parte física do corpo) do paciente, promovendo uma respiração plena e saudável

"Eu comando a dissolução de quaisquer bloqueios ou tensões no sistema musculoesquelético na (mencionar a parte física do corpo) do paciente, permitindo o alívio de dores e a melhoria da mobilidade

"Eu comando a restauração e equilíbrio do sistema nervoso na (mencionar a parte física do corpo) do paciente, promovendo a saúde e a vitalidade dos nervos e facilitando a transmissão adequada de informações

COMANDO PARA A CURA ESPIRITUAL

"Eu comando a cura e liberação de quaisquer bloqueios energéticos relacionados à confiança e autoconfiança do paciente, permitindo-lhe confiar em si mesmo e em seu poder interior

"Eu comando a conexão do paciente com sua sabedoria interior e com a orientação dos seres de luz, trazendo clareza e direção em sua jornada espiritual

"Eu comando a conexão do paciente com sua sabedoria ancestral e ancestralidade espiritual, trazendo apoio e orientação dos antepassados

"Eu comando a cura e liberação de quaisquer bloqueios energéticos relacionados à confiança e autorrealização do paciente, permitindo-lhe manifestar seu potencial máximo

"Eu comando a cura e equilíbrio das energias relacionadas aos relacionamentos amorosos do paciente, permitindo-lhe vivenciar relacionamentos saudáveis e harmoniosos

"Eu comando a dissolução de quaisquer padrões negativos de pensamento e crenças limitantes que estejam afetando o paciente, permitindo-lhe liberar velhas programações e abrir-se para novas possibilidades

"Eu comando a transmutação de quaisquer energias de medo e ansiedade em coragem e serenidade para o paciente, permitindo-lhe enfrentar os desafios da vida com confiança e equilíbrio

"Eu comando a transmutação de quaisquer energias de ansiedade e preocupação em serenidade e confiança para o paciente, permitindo-lhe viver uma vida equilibrada e tranquila

"Eu comando a cura e liberação de quaisquer bloqueios energéticos relacionados à autoconfiança e autoestima do paciente, permitindo-lhe reconhecer seu valor e potencial

"Eu comando a ativação e amplificação da conexão do paciente com a sabedoria ancestral, permitindo-lhe acessar a sabedoria e orientação dos antepassados

"Eu comando a dissolução de quaisquer energias vampíricas ou parasitárias presentes no campo energético do paciente, promovendo sua vitalidade e proteção

"Eu comando a conexão do paciente com a sua essência espiritual mais elevada, despertando o seu potencial divino e permitindo a manifestação de sua verdadeira natureza

"Eu comando a cura e equilíbrio das energias relacionadas aos relacionamentos amorosos do paciente, promovendo a harmonia e o amor incondicional

"Eu comando a conexão do paciente com a sua sabedoria ancestral e com as energias de cura e orientação dos seus antepassados, recebendo apoio e orientação nessa jornada

"Eu comando a restauração e equilíbrio das energias do paciente, promovendo a harmonia e o equilíbrio em todos os níveis: físico, emocional, mental e espiritual

"Eu comando a cura e liberação de quaisquer bloqueios energéticos relacionados à autenticidade e expressão verdadeira do paciente, permitindo-lhe viver em congruência com sua essência

"Eu comando a restauração e equilíbrio das energias do paciente, promovendo a harmonia e o bem-estar em todas as áreas de sua vida: física, emocional, mental e espiritual

"Eu comando a cura e equilíbrio das energias relacionadas aos relacionamentos interpessoais do paciente, permitindo-lhe vivenciar conexões amorosas e saudáveis

"Eu comando a limpeza e purificação das energias estagnadas e bloqueadas nos chacras do paciente, restabelecendo o fluxo de energia e vitalidade

"Eu comando a limpeza e purificação dos registros akáshicos do paciente, liberando quaisquer bloqueios ou padrões limitantes que impactem sua jornada atual

"Eu comando a harmonização e equilíbrio dos corpos físico, emocional, mental e espiritual do paciente

"Eu comando a cura e liberação de quaisquer bloqueios energéticos relacionados à autoaceitação e amor-próprio do paciente, permitindo-lhe reconhecer sua própria beleza e valor

"Eu comando a ativação e expansão da criatividade e da imaginação do paciente, permitindo-lhe manifestar suas visões e inspirações no mundo

"Eu comando a restauração e equilíbrio das energias do paciente, promovendo a harmonia e o bem-estar em todos os aspectos de sua vida: físico, emocional, mental e espiritual

"Eu comando a conexão do paciente com sua espiritualidade e com as forças superiores, permitindo-lhe vivenciar uma conexão profunda e significativa com o divino

"Eu comando a limpeza e purificação das memórias traumáticas e energias negativas que estejam afetando o paciente, permitindo-lhe liberar o passado e viver no presente

"Eu comando a dissolução de quaisquer formas-pensamento negativas ou energias indesejadas que estejam afetando o paciente, permitindo-lhe purificar e fortalecer seu campo energético

"Eu comando a cura e liberação de quaisquer bloqueios energéticos que impeçam o paciente de expressar sua verdade e autenticidade no mundo

"Eu comando a limpeza e purificação das energias estagnadas e densas presentes no campo energético do paciente, promovendo a renovação e o fluxo harmonioso de energia

"Eu comando a cura e equilíbrio das energias relacionadas aos relacionamentos afetivos do paciente, permitindo-lhe vivenciar relacionamentos saudáveis, amorosos e de harmonia

"Eu comando a liberação de quaisquer energias de culpa e autocastigo que estejam limitando o paciente em seu crescimento e autorrealização

"Eu comando a conexão do paciente com sua espiritualidade e com as forças superiores, permitindo-lhe experimentar uma conexão profunda e significativa com o divino

"Eu comando a conexão do paciente com sua força interior e coragem, permitindo-lhe superar desafios e adversidades com confiança e determinação

"Eu comando a cura e equilíbrio dos padrões de pensamento e crenças limitantes que bloqueiam o potencial de sucesso e prosperidade do paciente

"Eu comando a liberação de traumas e experiências negativas do passado que ainda afetam o paciente no presente

"Eu comando a dissolução de quaisquer contratos ou ligações energéticas negativas que estejam impedindo o paciente de seguir em frente e alcançar seus objetivos

"Eu comando a cura e integração de partes fragmentadas da personalidade do paciente, trazendo unidade e congruência

"Eu comando a dissolução de quaisquer formas-pensamento negativas ou entidades indesejadas que estejam afetando o paciente, protegendo-o e restaurando seu campo energético

"Eu comando a conexão do paciente com sua espiritualidade e com seu eu superior, permitindo-lhe acessar sua sabedoria interior e conectar-se com o divino

"Eu comando a limpeza e purificação do campo energético do paciente, removendo quaisquer energias intrusas ou negativas que estejam causando desequilíbrio

"Eu comando a conexão do paciente com a sua essência espiritual e o despertar de dons espirituais latentes, para sua evolução e serviço ao mundo

"Eu comando a liberação de quaisquer medos, fobias e bloqueios emocionais que estejam limitando o paciente em sua jornada de crescimento e expansão

"Eu comando a conexão do paciente com sua sabedoria interior e o despertar de seu propósito de vida, alinhando-o com seu caminho espiritual e seu serviço ao mundo

"Eu comando a dissolução de quaisquer padrões de autossabotagem e autodestruição que estejam limitando o paciente em sua jornada de crescimento e evolução

"Eu comando a transmutação de quaisquer energias de estresse e ansiedade em paz e serenidade para o paciente, permitindo-lhe viver uma vida equilibrada e harmoniosa

"Eu comando a conexão do paciente com sua sabedoria interior e sua orientação divina, permitindo-lhe tomar decisões alinhadas com sua verdadeira essência

"Eu comando a transmutação de quaisquer energias de medo e ansiedade em coragem e confiança para o paciente, capacitando-o a enfrentar desafios e avançar em seu caminho

"Eu comando a limpeza e purificação das energias estagnadas e negativas presentes no campo energético do paciente, restaurando o fluxo saudável de energia em seu ser

"Eu comando a restauração da autoestima, confiança e amor-próprio no coração do paciente

"Eu comando a remoção de todas as energias densas e negativas presentes no paciente

"Eu comando a ancoragem da energia da paz, amor e harmonia no coração do paciente, promovendo o bem-estar e a serenidade

"Eu comando a cura e transmutação de quaisquer memórias de vidas passadas que estejam afetando negativamente a vida presente do paciente

"Eu comando a ativação e amplificação da conexão do paciente com sua intuição e sabedoria interior, permitindo-lhe receber insights e orientações para o seu crescimento pessoal

"Eu comando a transmutação de quaisquer energias de estagnação e bloqueio que estejam impedindo o crescimento e a evolução do paciente

"Eu comando a restauração e equilíbrio das energias do paciente, promovendo a integração e harmonia entre as diferentes partes de seu ser

"Eu comando a ativação e despertar dos dons de cura e de canalização do paciente, permitindo-lhe ser um canal de luz e amor para si mesmo e para os outros

"Eu comando a conexão do paciente com sua essência divina e a integração de sua luz interior, despertando seu potencial máximo de crescimento espiritual

"Eu comando a ativação e desenvolvimento dos talentos e habilidades espirituais do paciente

"Eu comando a cura e equilíbrio das energias relacionadas aos relacionamentos amorosos do paciente, permitindo-lhe atrair e manter relacionamentos saudáveis e harmoniosos

"Eu comando a restauração e equilíbrio dos corpos sutis do paciente

"Eu comando a limpeza e purificação das memórias traumáticas e energias negativas que estejam afetando o paciente, permitindo-lhe liberar o passado e abrir-se para o presente

"Eu comando a restauração e alinhamento dos corpos sutis do paciente, promovendo a harmonia e o equilíbrio em sua energia vital

"Eu comando a dissolução de quaisquer contratos ou pactos negativos que estejam afetando o paciente, permitindo-lhe se libertar de influências indesejadas

"Eu comando a transmutação de quaisquer energias negativas, maldições ou influências prejudiciais que estejam afetando o campo energético do paciente

"Eu comando a transmutação de quaisquer energias de ansiedade e estresse em calma e serenidade para o paciente, permitindo-lhe viver uma vida equilibrada e tranquila

"Eu comando a cura e liberação de quaisquer bloqueios energéticos relacionados à autoexpressão e à comunicação do paciente, permitindo-lhe expressar sua verdade com clareza e autenticidade

"Eu comando a conexão do paciente com sua essência espiritual mais elevada e a ampliação de sua consciência espiritual, permitindo-lhe expandir sua compreensão e conexão com o divino

"Eu comando a cura e liberação de quaisquer bloqueios energéticos relacionados à expressão criativa e ao desenvolvimento de talentos do paciente, permitindo-lhe manifestar seu potencial único

"Eu comando a limpeza e purificação das energias estagnadas e densas presentes no campo energético do paciente, permitindo-lhe restaurar o fluxo saudável de energia e revitalizar-se

"Eu comando a ativação e amplificação da conexão do paciente com sua sabedoria interior e intuição, permitindo-lhe acessar informações e insights valiosos

"Eu comando a cura e equilíbrio das energias relacionadas aos relacionamentos interpessoais do paciente, permitindo-lhe cultivar relacionamentos saudáveis e harmoniosos

"Eu comando a restauração e equilíbrio das energias do paciente, promovendo a harmonia e o equilíbrio em seu sistema energético

"Eu comando a conexão do paciente com a energia da gratidão e apreciação, abrindo caminho para a abundância e o fluxo positivo em sua vida

"Eu comando a cura e equilíbrio das emoções do paciente, permitindo-lhe vivenciar paz, alegria e serenidade em sua vida diária

"Eu comando a ativação e fortalecimento da intuição e da conexão com a sabedoria divina do paciente, permitindo-lhe tomar decisões sábias e alinhadas com sua verdade interior

"Eu comando a limpeza e purificação das energias estagnadas e densas presentes no campo energético do paciente, restaurando o fluxo saudável de energia em seu ser

"Eu comando a transmutação de quaisquer energias de ansiedade e medo em calma e paz interior para o paciente, permitindo-lhe viver uma vida equilibrada e serena

"Eu comando a dissolução de quaisquer padrões negativos de pensamentos, emoções e comportamentos que estejam limitando o paciente, permitindo-lhe romper esses padrões e avançar em direção ao crescimento e transformação

"Eu comando a transmutação de quaisquer energias de estagnação e resistência em movimento e fluidez para o paciente, permitindo-lhe avançar em sua jornada de crescimento e transformação

"Eu comando a cura e liberação de quaisquer bloqueios energéticos relacionados à autoexpressão e comunicação do paciente, permitindo-lhe expressar sua verdade com clareza e autenticidade

"Eu comando a restauração e equilíbrio das energias do paciente, promovendo a saúde e o bem-estar em todos os níveis: físico, emocional, mental e espiritual

"Eu comando a transmutação de quaisquer energias de ansiedade e preocupação em paz e serenidade para o paciente, permitindo-lhe viver no presente e desfrutar de uma mente calma e equilibrada

"Eu comando a restauração da saúde e vitalidade física do paciente

"Eu comando a cura e liberação de quaisquer bloqueios emocionais ou traumas presentes no paciente

"Eu comando a transmutação de quaisquer energias de medo e insegurança em coragem e confiança para o paciente, permitindo-lhe avançar com determinação e serenidade

"Eu comando a limpeza e harmonização dos chakras do paciente

"Eu comando a cura e equilíbrio das energias relacionadas ao poder pessoal e à autodomínio do paciente, permitindo-lhe assumir o controle de sua vida e criar a realidade desejada

"Eu comando a dissolução de quaisquer influências espirituais negativas ou ataques energéticos que estejam afetando o paciente, protegendo-o e restaurando seu bem-estar

"Eu comando a ativação e fortalecimento da conexão do paciente com os seus guias espirituais e mentores, permitindo-lhe receber orientação e suporte divino

"Eu comando a transmutação de quaisquer energias de estagnação e resistência em fluxo e expansão para o paciente, permitindo-lhe seguir o fluxo da vida e abrir-se para novas possibilidades

"Eu comando a transmutação de quaisquer bloqueios energéticos relacionados ao propósito de vida do paciente, permitindo-lhe descobrir e seguir sua missão com clareza e determinação

"Eu comando a ativação e amplificação da conexão do paciente com sua intuição e sabedoria interior, permitindo-lhe acessar informações e orientações valiosas para seu crescimento e evolução

"Eu comando a ativação e ampliação dos canais de comunicação intuitiva do paciente, permitindo-lhe receber mensagens e informações do plano espiritual

"Eu comando a limpeza e purificação das memórias traumáticas e energias negativas que estejam afetando o paciente, permitindo-lhe libertar-se do passado e abrir-se para novas possibilidades

"Eu comando a limpeza e purificação das energias densas e negativas presentes no campo energético do paciente, restaurando o equilíbrio e a harmonia

"Eu comando a cura e transformação de quaisquer bloqueios energéticos relacionados à autoexpressão e à manifestação dos talentos criativos do paciente

"Eu comando a ativação e fortalecimento da conexão do paciente com sua intuição e sabedoria interior, permitindo-lhe receber orientação e suporte divino

"Eu comando a transmutação de quaisquer energias de ansiedade e preocupação em paz e serenidade para o paciente

"Eu comando a restauração e equilíbrio das energias do paciente, promovendo a saúde, vitalidade e bem-estar em todos os níveis: físico, emocional, mental e espiritual

"Eu comando a cura e equilíbrio das energias relacionadas aos relacionamentos familiares do paciente, permitindo-lhe cultivar relações amorosas e harmoniosas

"Eu comando a conexão do paciente com sua espiritualidade e com as energias superiores, permitindo-lhe vivenciar uma conexão mais profunda e significativa com o divino

"Eu comando a harmonização e alinhamento dos corpos energéticos do paciente com a sua essência divina

"Eu comando a limpeza e purificação das energias estagnadas e negativas presentes no campo energético do paciente, restaurando o fluxo harmonioso de energia vital

"Eu comando a limpeza e purificação das energias estagnadas e densas presentes no campo energético do paciente, promovendo a renovação e o fluxo livre de energia

"Eu comando a ativação e amplificação da conexão do paciente com sua intuição e sabedoria interior, permitindo-lhe tomar decisões alinhadas com sua verdade e propósito de vida

"Eu comando a ativação e amplificação da conexão do paciente com sua sabedoria interior e intuição, permitindo-lhe acessar respostas e orientações valiosas

"Eu comando a restauração do equilíbrio energético do paciente em todos os níveis: físico, emocional, mental e espiritual

145

"Eu comando a cura e liberação de quaisquer bloqueios emocionais e traumas relacionados à autoestima e à confiança do paciente

"Eu comando a cura e liberação de quaisquer laços energéticos negativos com pessoas ou situações do passado que ainda impactam o paciente

"Eu comando a restauração do equilíbrio e alinhamento dos corpos mental, emocional e espiritual do paciente, trazendo clareza e paz interior

"Eu comando a cura e equilíbrio das energias relacionadas ao propósito de vida do paciente, permitindo-lhe descobrir e seguir o seu caminho com clareza e determinação

"Eu comando a limpeza e purificação das energias estagnadas e negativas presentes no campo energético do paciente, restaurando o fluxo equilibrado de energia em seu sistema

"Eu comando a conexão do paciente com a sua sabedoria ancestral e com os guias espirituais que o acompanham, permitindo-lhe receber orientações e proteção

"Eu comando a transmutação de quaisquer energias de ansiedade e medo em calma e serenidade para o paciente, permitindo-lhe viver com tranquilidade e equilíbrio

"Eu comando a dissolução de quaisquer formas-pensamento negativas ou energias indesejadas que estejam afetando o paciente, permitindo-lhe purificar seu campo energético e fortalecer sua proteção

"Eu comando a limpeza e purificação das memórias traumáticas e bloqueios emocionais enraizados no subconsciente do paciente, trazendo cura e transformação

"Eu comando a conexão do paciente com sua intuição e sabedoria interior, permitindo-lhe acessar respostas e orientações valiosas em sua jornada

"Eu comando a cura e equilíbrio das energias relacionadas aos relacionamentos afetivos do paciente, permitindo-lhe vivenciar relacionamentos amorosos, respeitosos e harmoniosos

"Eu comando a conexão do paciente com sua espiritualidade e com a sabedoria divina, permitindo-lhe acessar sua orientação interior e viver em alinhamento com seu propósito

"Eu comando a limpeza e purificação das energias estagnadas e densas presentes no campo energético do paciente, permitindo-lhe restaurar o fluxo saudável de energia em seu ser

"Eu comando a transmutação de quaisquer energias estagnadas ou estagnantes presentes no corpo, mente e espírito do paciente, permitindo o fluxo livre e a renovação energética

"Eu comando a abertura do paciente para receber e integrar a energia de amor incondicional, permitindo-lhe experimentar uma profunda transformação e cura emocional

"Eu comando a dissolução de quaisquer votos de pobreza, escassez e limitação que o paciente tenha feito em vidas passadas, abrindo espaço para a abundância e prosperidade

"Eu comando a dissolução de quaisquer contratos ou acordos negativos que o paciente tenha feito consciente ou inconscientemente e que estejam limitando o seu crescimento espiritual

"Eu comando a cura e liberação de quaisquer bloqueios emocionais relacionados ao passado, permitindo ao paciente viver o presente com leveza e plenitude

"Eu comando a cura e liberação de quaisquer bloqueios energéticos relacionados à autenticidade e expressão verdadeira do paciente, permitindo-lhe viver sua vida autenticamente

"Eu comando a restauração da harmonia e equilíbrio nos relacionamentos do paciente, promovendo a comunicação e conexão amorosa com os outros

"Eu comando a limpeza e purificação das energias estagnadas e negativas presentes no campo energético do paciente, permitindo-lhe restaurar o fluxo de energia e alcançar equilíbrio

"Eu comando a cura e liberação de padrões de pensamento limitantes e crenças negativas que impedem o crescimento pessoal do paciente

"Eu comando a dissolução de quaisquer influências negativas ou larvas astrais que estejam afetando o paciente, protegendo-o e restaurando seu campo energético

"Eu comando a restauração e equilíbrio das energias do paciente, promovendo a harmonia e o bem-estar em todos os aspectos de sua vida

"Eu comando a transmutação de quaisquer energias de estagnação e falta de motivação em entusiasmo e inspiração para o paciente, permitindo-lhe perseguir seus sonhos e alcançar seu potencial máximo

"Eu comando a limpeza e purificação das energias estagnadas e negativas presentes no campo energético do paciente, restaurando o fluxo de energia vital

"Eu comando a ativação e amplificação da capacidade de autotransformação e autorrealização do paciente

"Eu comando a cura e equilíbrio das energias relacionadas aos relacionamentos afetivos do paciente, permitindo-lhe cultivar relações harmoniosas e amorosas

"Eu comando a cura e liberação de quaisquer bloqueios energéticos que impeçam o paciente de se conectar e receber a orientação dos seus mentores espirituais e guias de luz

"Eu comando a restauração e fortalecimento do campo energético do paciente, proporcionando-lhe proteção, vitalidade e equilíbrio

"Eu comando a conexão do paciente com sua intuição e sabedoria interior, permitindo-lhe tomar decisões alinhadas com sua verdade e propósito de vida

"Eu comando a cura e liberação de quaisquer bloqueios energéticos relacionados à autoconfiança e autoestima do paciente, permitindo-lhe reconhecer seu próprio valor e potencial

"Eu comando a limpeza e purificação das energias estagnadas e densas presentes no campo energético do paciente, restaurando o fluxo saudável de energia e vitalidade

"Eu comando a transmutação de quaisquer energias de estresse e ansiedade em calma e serenidade para o paciente, promovendo seu bem-estar emocional e mental

"Eu comando a transmutação de quaisquer energias de estresse e preocupação em calma e paz interior para o paciente, permitindo-lhe viver uma vida equilibrada e serena

"Eu comando a cura e equilíbrio das energias relacionadas aos relacionamentos afetivos do paciente, permitindo-lhe estabelecer e manter relacionamentos saudáveis e gratificantes

"Eu comando a restauração do equilíbrio e harmonia nos relacionamentos familiares do paciente, promovendo o amor, o perdão e a compreensão mútua

"Eu comando a transmutação de quaisquer energias de medo e preocupação em paz e confiança para o paciente, permitindo-lhe viver uma vida equilibrada e serena

"Eu comando a limpeza e proteção do campo áurico do paciente, fortalecendo-o contra influências externas negativas

"Eu comando a cura e liberação de quaisquer bloqueios energéticos relacionados à autoaceitação e amor-próprio, permitindo ao paciente reconhecer e valorizar sua própria essência

"Eu comando a cura e liberação de padrões de relacionamento disfuncionais e bloqueios emocionais que impedem o paciente de vivenciar relacionamentos saudáveis e harmoniosos

"Eu comando a conexão do paciente com seu propósito de vida e missão espiritual, permitindo-lhe viver uma vida com significado e realização

"Eu comando a conexão do paciente com sua essência espiritual mais elevada, permitindo-lhe vivenciar maior conexão e clareza em sua jornada espiritual

"Eu comando a harmonização e equilíbrio de todos os corpos sutis": Esse comando visa promover o alinhamento e a harmonização dos corpos energéticos, físico, emocional e espiritual

"Eu comando a limpeza e purificação dos registros ancestrais do paciente, liberando padrões negativos e traumas transmitidos pelas gerações passadas

"Eu comando a conexão do paciente com as energias de amor e compaixão, permitindo-lhe vivenciar relacionamentos saudáveis e uma conexão mais profunda com os outros

"Eu comando a manifestação de abundância e prosperidade em todas as áreas da vida do paciente

"Eu comando a ativação e amplificação da conexão do paciente com sua intuição e sabedoria interior, permitindo-lhe acessar insights e orientações para o seu crescimento e felicidade

"Eu comando a limpeza e purificação das memórias traumáticas e energias negativas presentes no campo energético do paciente, promovendo a sua cura e transformação

"Eu comando a ativação e amplificação da conexão do paciente com sua intuição e sabedoria interior, permitindo-lhe acessar respostas e orientações valiosas para sua jornada

"Eu comando a limpeza e purificação das energias negativas e densas presentes no campo energético do paciente, promovendo a renovação e o equilíbrio

"Eu comando a dissolução de quaisquer energias intrusas ou obsessivas que estejam afetando negativamente o paciente, garantindo sua proteção e libertação

"Eu comando a restauração e harmonização do campo energético do paciente, fortalecendo sua proteção contra energias negativas e influências externas

"Eu comando a transmutação de quaisquer energias de culpa e remorso que estejam limitando o paciente, permitindo-lhe liberar o passado e avançar com leveza e alegria

"Eu comando a restauração da harmonia e alinhamento entre os diferentes corpos energéticos do paciente, promovendo o bem-estar e a integração holística

"Eu comando a transmutação de quaisquer energias de medo e dúvida em coragem e confiança para o paciente, permitindo-lhe superar desafios e alcançar seus objetivos

"Eu comando a limpeza e purificação das energias estagnadas e negativas presentes no campo energético do paciente, restaurando o fluxo harmônico de energia vital

"Eu comando a conexão do paciente com sua espiritualidade e com seu eu superior, permitindo-lhe acessar sua sabedoria interior e a orientação do divino

"Eu comando a transmutação de quaisquer energias de medo e ansiedade em coragem e confiança para o paciente, permitindo-lhe enfrentar os desafios com determinação

"Eu comando a cura e liberação de quaisquer bloqueios energéticos relacionados à autocompaixão e amor incondicional do paciente, permitindo-lhe se amar e se aceitar plenamente

"Eu comando a limpeza e purificação dos registros akáshicos do paciente, liberando quaisquer bloqueios ou padrões negativos que estejam afetando sua jornada atual

"Eu comando a transmutação de quaisquer energias de estagnação e estagnância na carreira ou nos projetos do paciente, abrindo caminho para o crescimento e sucesso

"Eu comando a transmutação de quaisquer energias de ansiedade e preocupação em calma e paz interior para o paciente, permitindo-lhe viver uma vida equilibrada e tranquila

"Eu comando a cura e harmonização das energias sexuais e do chacra sacral do paciente, promovendo uma expressão saudável e equilibrada da sexualidade

"Eu comando a limpeza e purificação das memórias celulares do paciente, liberando quaisquer energias negativas ou traumas armazenados no corpo físico

"Eu comando a restauração e equilíbrio das energias de amor próprio e autoestima do paciente, promovendo uma relação saudável e amorosa consigo mesmo

"Eu comando a dissolução de quaisquer cordões energéticos negativos que estejam afetando o paciente, permitindo-lhe estabelecer relacionamentos saudáveis e livres de influências indesejadas

"Eu comando a cura e liberação de quaisquer bloqueios energéticos relacionados à autoaceitação e amor-próprio do paciente, permitindo-lhe reconhecer e valorizar sua própria essência

"Eu comando a transmutação de quaisquer energias de limitação e escassez em abundância e prosperidade para o paciente, abrindo caminho para o fluxo positivo em sua vida

"Eu comando a ativação e amplificação da conexão do paciente com sua intuição e sabedoria interior, permitindo-lhe tomar decisões sábias e alinhadas com seu propósito

"Eu comando a limpeza e purificação das energias densas e negativas presentes no campo energético do paciente, promovendo a renovação e o equilíbrio

"Eu comando a dissolução de quaisquer contratos ou pactos negativos que estejam afetando o paciente, permitindo-lhe se libertar de influências indesejadas e seguir adiante com leveza e liberdade

"Eu comando a conexão do paciente com sua essência espiritual e com a fonte divina, permitindo-lhe vivenciar uma conexão profunda e significativa com o sagrado

"Eu comando a cura de quaisquer bloqueios ou desequilíbrios nos meridianos energéticos do paciente

"Eu comando a limpeza e purificação das energias estagnadas e densas presentes no campo energético do paciente, promovendo a liberação de padrões limitantes e a revitalização do seu ser

"Eu comando a limpeza e purificação das energias densas e negativas presentes no campo energético do paciente, restaurando a vitalidade e o equilíbrio

"Eu comando a limpeza e purificação das energias estagnadas e bloqueadas nos chacras do paciente, restaurando o fluxo equilibrado de energia em seu sistema

"Eu comando a restauração e equilíbrio das energias do paciente, promovendo a harmonia e o bem-estar em todos os aspectos de sua existência

"Eu comando a dissolução de quaisquer influências negativas ou obsessivas que estejam afetando o paciente, permitindo-lhe viver com liberdade e autonomia

"Eu comando a ativação e fortalecimento da intuição do paciente, permitindo-lhe acessar sabedoria e orientação para tomar decisões alinhadas com sua verdade interior

"Eu comando a ativação e amplificação da conexão do paciente com a sua sabedoria interior, permitindo-lhe acessar insights e orientações para o seu caminho

"Eu comando a dissolução de quaisquer cordões energéticos negativos que estejam conectados ao paciente, permitindo-lhe liberar-se de influências prejudiciais e estabelecer limites saudáveis

"Eu comando a dissolução de quaisquer energias negativas, implantes ou formas-pensamento indesejadas que estejam afetando o paciente, permitindo-lhe se libertar e recuperar seu poder pessoal

"Eu comando a conexão do paciente com a sua essência espiritual mais elevada, permitindo-lhe acessar a sua sabedoria e poder interior

"Eu comando a dissolução de quaisquer cordões energéticos negativos que estejam conectados ao paciente, permitindo-lhe libertar-se de influências prejudiciais e estabelecer limites saudáveis

"Eu comando a limpeza e purificação dos corpos sutis do paciente, removendo quaisquer energias densas ou intrusas que possam afetar seu equilíbrio

"Eu comando a dissolução de quaisquer contratos ou laços kármicos que não estejam mais em alinhamento com o crescimento e evolução do paciente

"Eu comando a transmutação de quaisquer energias de ansiedade e estresse em paz e serenidade para o paciente, permitindo-lhe encontrar equilíbrio e tranquilidade interior

"Eu comando a restauração do equilíbrio energético nos órgãos e sistemas do corpo do paciente, promovendo a saúde e o bem-estar

"Eu comando a dissolução de quaisquer cordões energéticos negativos que estejam afetando o paciente, permitindo-lhe liberar influências indesejadas e estabelecer limites saudáveis

"Eu comando a abertura do coração do paciente para receber e compartilhar amor incondicional com o mundo ao seu redor

"Eu comando a transmutação de quaisquer padrões de autossabotagem e autodestruição que estejam prejudicando a saúde e o bem-estar do paciente

"Eu comando a clareza e discernimento para o paciente tomar decisões alinhadas com sua verdadeira essência e propósito de vida

"Eu comando a transmutação de quaisquer energias de ansiedade e preocupação em paz, serenidade e confiança para o paciente, permitindo-lhe viver uma vida equilibrada e plena

"Eu comando a ativação e amplificação da capacidade de autocura do paciente, permitindo-lhe acessar e utilizar seus recursos internos para restaurar seu bem-estar físico, emocional e espiritual

"Eu comando a cura e equilíbrio das energias relacionadas aos relacionamentos afetivos do paciente, permitindo-lhe vivenciar relações amorosas e harmoniosas

"Eu comando a conexão do paciente com sua essência espiritual mais elevada, trazendo clareza e direcionamento para sua jornada de vida

"Eu comando a cura e liberação de quaisquer padrões de autossabotagem e autodestruição que estejam impedindo o crescimento e o sucesso do paciente

"Eu comando a limpeza e purificação das energias estagnadas e negativas presentes no campo energético do paciente, trazendo renovação e vitalidade

"Eu comando a conexão do paciente com seu propósito de vida e a manifestação de seus talentos e habilidades únicos

"Eu comando a transmutação de quaisquer energias de preocupação e estresse em paz e serenidade para o paciente, permitindo-lhe viver uma vida equilibrada e tranquila

"Eu comando a restauração da energia vital e o rejuvenescimento do corpo físico do paciente

"Eu comando a cura e liberação de quaisquer bloqueios energéticos relacionados à autovalorização e autocompaixão do paciente, permitindo-lhe reconhecer seu próprio valor e amar-se incondicionalmente

"Eu comando a liberação de sentimentos de culpa, vergonha e ressentimento que estejam afetando negativamente o paciente, permitindo-lhe experimentar a paz interior e o perdão

"Eu comando a ativação e amplificação da conexão do paciente com sua intuição e sabedoria interior, permitindo-lhe acessar informações valiosas e tomar decisões alinhadas com seu propósito de vida

"Eu comando a limpeza e purificação das energias estagnadas e densas presentes no campo energético do paciente, restaurando o fluxo equilibrado de energia em seu sistema

"Eu comando a dissolução de quaisquer cordões energéticos negativos ou ligações não saudáveis que estejam afetando o paciente, permitindo-lhe estabelecer relacionamentos equilibrados e positivos

"Eu comando a limpeza e purificação das energias negativas e densas que estejam afetando o campo energético do paciente, trazendo equilíbrio e renovação

"Eu comando a limpeza e purificação das memórias e energias de traumas de vidas passadas que estejam afetando o paciente em sua vida atual

"Eu comando a cura e liberação de quaisquer bloqueios emocionais e energéticos relacionados ao perdão, permitindo ao paciente soltar ressentimentos e experienciar verdadeira reconciliação

"Eu comando a cura e liberação de quaisquer padrões de relacionamento tóxicos ou disfuncionais que afetem a vida amorosa do paciente

"Eu comando a restauração e equilíbrio das energias do paciente, promovendo a harmonia e o equilíbrio em todos os aspectos de sua vida: físico, emocional, mental e espiritual

"Eu comando a liberação de quaisquer padrões de autossabotagem e crenças limitantes que impeçam o paciente de alcançar seu pleno potencial

"Eu comando a cura e liberação de quaisquer influências espirituais negativas ou presenças indesejadas que estejam afetando a saúde e o bem-estar do paciente

"Eu comando a liberação de quaisquer sentimentos de culpa, remorso e autocrítica que estejam limitando o paciente em seu crescimento e autorrealização

"Eu comando a restauração e equilíbrio das energias do paciente, promovendo a harmonia e o bem-estar em todos os níveis: físico, emocional, mental e espiritual

"Eu comando a limpeza e purificação das memórias e registros negativos que estejam afetando o paciente, permitindo-lhe liberar o passado e avançar com confiança

"Eu comando a dissolução de quaisquer cordões energéticos negativos que estejam afetando o paciente, permitindo-lhe estabelecer limites saudáveis e fortalecer seu campo energético

"Eu comando a cura e liberação de quaisquer bloqueios energéticos relacionados à expressão criativa do paciente, permitindo-lhe manifestar sua essência única e criatividade autêntica

"Eu comando a ativação e fortalecimento do sistema imunológico do paciente, promovendo a saúde e a resistência

"Eu comando a cura e equilíbrio das energias relacionadas à sexualidade do paciente, promovendo uma expressão saudável, respeitosa e prazerosa

"Eu comando a conexão do paciente com a sua força interior, capacidade de superação e resiliência diante dos desafios da vida

"Eu comando a restauração e equilíbrio das energias do paciente, promovendo a harmonia e o equilíbrio emocional, mental, físico e espiritual

"Eu comando a restauração e equilíbrio das energias femininas e masculinas dentro do paciente, promovendo a harmonia e a integração dessas polaridades

"Eu comando a limpeza e purificação das memórias e energias kármicas que estejam afetando o paciente, liberando-o de padrões repetitivos e trazendo cura aos seus relacionamentos

"Eu comando a limpeza e purificação das energias estagnadas e densas presentes no campo energético do paciente, restaurando o fluxo harmonioso de energia vital

"Eu comando a liberação de cordões energéticos negativos e parasitas que estejam conectados ao paciente

"Eu comando a conexão do paciente com a sua autenticidade e verdade interior, permitindo-lhe viver em alinhamento com sua essência e propósito de vida

"Eu comando a restauração do equilíbrio entre o dar e receber no paciente, permitindo-lhe fluir na abundância e nas trocas harmoniosas com o universo

"Eu comando a transmutação de quaisquer energias de medo e ansiedade em coragem e confiança para o paciente, capacitando-o a enfrentar desafios e superar obstáculos

"Eu comando a ativação e amplificação da conexão do paciente com as energias de cura, permitindo-lhe ser um canal de cura para si mesmo e para os outros

"Eu comando a cura e liberação de quaisquer traumas ou bloqueios relacionados à expressão criativa do paciente, permitindo-lhe expressar-se livremente e manifestar sua autenticidade

"Eu comando a elevação da frequência vibracional do paciente para níveis superiores de consciência

"Eu comando a ativação e amplificação da conexão do paciente com sua intuição e sabedoria interior, permitindo-lhe tomar decisões sábias e seguir o caminho certo

"Eu comando a ativação e amplificação da conexão do paciente com as energias de cura e transformação, permitindo-lhe acessar e canalizar essas energias para seu próprio bem-estar

"Eu comando a cura e liberação de quaisquer bloqueios emocionais e traumas relacionados à infância, permitindo ao paciente reconstruir uma base sólida de autoestima e confiança

"Eu comando a ativação e amplificação da conexão do paciente com sua sabedoria interior e intuição, permitindo-lhe acessar insights e orientações valiosas para o seu caminho

"Eu comando a conexão do paciente com sua espiritualidade e com as forças superiores, permitindo-lhe vivenciar uma conexão profunda com o divino e receber orientação espiritual

"Eu comando a restauração e fortalecimento do vínculo entre o paciente e sua própria essência divina, despertando seu potencial espiritual

"Eu comando a cura e equilíbrio das energias relacionadas aos relacionamentos afetivos do paciente, permitindo-lhe vivenciar relacionamentos amorosos e harmoniosos

"Eu comando a dissolução de quaisquer formas-pensamento negativas ou entidades indesejadas que estejam afetando o paciente, protegendo-o e restaurando sua energia vital

"Eu comando a ativação e despertar dos potenciais de cura do paciente, permitindo-lhe acessar e utilizar sua capacidade de autocura e de auxílio aos outros

"Eu comando a dissolução de quaisquer energias negativas e larvas astrais presentes no campo energético do paciente, promovendo purificação e proteção

"Eu comando a abertura do paciente para receber e integrar os dons e talentos espirituais que estão adormecidos ou subutilizados

"Eu comando a cura e equilíbrio das energias relacionadas aos relacionamentos afetivos do paciente, permitindo-lhe vivenciar relacionamentos amorosos e saudáveis

"Eu comando a ativação e amplificação da conexão do paciente com sua intuição e sabedoria interior, permitindo-lhe acessar insights e orientações valiosas em sua jornada

"Eu comando a remoção de todas as energias indesejadas ou intrusas": Esse comando é utilizado para remover energias negativas ou presenças indesejadas que possam estar causando desequilíbrio ou interferência

"Eu comando a cura e equilíbrio dos relacionamentos do paciente, promovendo a harmonia, compreensão e crescimento mútuo

"Eu comando a cura e liberação de quaisquer bloqueios energéticos relacionados à autoexpressão criativa do paciente, permitindo-lhe manifestar seu potencial artístico e criativo

"Eu comando a restauração do equilíbrio e alinhamento dos corpos sutis do paciente, permitindo a integração harmoniosa de todas as suas dimensões

"Eu comando a cura e equilíbrio dos relacionamentos interpessoais do paciente, promovendo a harmonia, compreensão e cooperação

"Eu comando a dissolução de quaisquer bloqueios energéticos nos caminhos da prosperidade e abundância na vida do paciente

"Eu comando a cura e equilíbrio das energias femininas e masculinas dentro do paciente, promovendo a harmonia e o desenvolvimento integral

"Eu comando a conexão do paciente com seu guia espiritual e o despertar da orientação e apoio divinos em sua jornada terrena

"Eu comando a transmutação de quaisquer energias de medo e ansiedade que estejam afetando o paciente, permitindo-lhe viver com serenidade e confiança

"Eu comando a dissolução de quaisquer energias negativas ou influências indesejadas que estejam afetando o paciente, permitindo-lhe se libertar e seguir em direção à sua verdadeira essência

"Eu comando a dissolução de quaisquer energias negativas, implantes ou cordões que estejam afetando o paciente, permitindo-lhe liberar-se de influências indesejadas e recuperar seu poder pessoal

"Eu comando a transmutação de quaisquer energias de medo e ansiedade em calma e serenidade para o paciente, permitindo-lhe viver uma vida equilibrada e serena

"Eu comando a cura e liberação de quaisquer bloqueios energéticos relacionados ao perdão, permitindo ao paciente perdoar a si mesmo e aos outros, e seguir adiante com leveza e paz

"Eu comando a ativação e amplificação da conexão do paciente com sua essência divina e com seu propósito de vida, permitindo-lhe viver uma vida significativa

"Eu comando a cura e equilíbrio dos centros energéticos do paciente, fortalecendo o seu fluxo de energia vital e a sua conexão com a Fonte

"Eu comando a cura e liberação de quaisquer bloqueios energéticos relacionados à confiança e autenticidade do paciente, permitindo-lhe expressar sua verdadeira essência sem medo

"Eu comando a transmutação de quaisquer energias negativas ligadas a situações de estresse, ansiedade e preocupação, permitindo ao paciente experimentar paz e tranquilidade

"Eu comando a cura e equilíbrio das energias relacionadas aos relacionamentos familiares do paciente, permitindo-lhe cultivar relações amorosas e harmoniosas com seus entes queridos

"Eu comando a transmutação de quaisquer energias de medo e insegurança em coragem e confiança para o paciente, permitindo-lhe enfrentar desafios com determinação e superação

"Eu comando a conexão do paciente com sua sabedoria interior e com a orientação dos seres de luz, permitindo-lhe receber insights e orientação divina

"Eu comando a cura e transmutação de quaisquer memórias dolorosas ou traumas enraizados nas células do corpo do paciente

"Eu comando a restauração e equilíbrio das energias do paciente, promovendo a harmonia e o bem-estar em seu corpo, mente e espírito

"Eu comando a cura e restauração de quaisquer desequilíbrios kármicos presentes na vida do paciente

"Eu comando a ativação dos dons e talentos latentes no paciente para o seu crescimento e desenvolvimento espiritual

"Eu comando a ativação e fortalecimento da conexão do paciente com a natureza e os elementos, trazendo equilíbrio e harmonia em sua vida

"Eu comando a abertura do coração do paciente para o amor próprio, a compaixão e a aceitação, permitindo-lhe vivenciar relacionamentos saudáveis e plenos

"Eu comando a restauração e equilíbrio das energias do paciente, promovendo a harmonia e o alinhamento com sua essência divina e propósito de vida

"Eu comando a dissolução de quaisquer formas-pensamento negativas ou energias indesejadas que estejam afetando o paciente, permitindo-lhe limpar e fortalecer seu campo energético

"Eu comando a cura e equilíbrio das energias relacionadas aos relacionamentos afetivos do paciente, permitindo-lhe vivenciar relacionamentos saudáveis e plenos de amor

"Eu comando a transmutação de quaisquer energias de preocupação e medo em confiança e serenidade para o paciente, permitindo-lhe enfrentar desafios com calma e determinação

"Eu comando a dissolução de quaisquer formas-pensamento negativas ou energias indesejadas que estejam afetando o paciente, permitindo-lhe liberar-se de influências prejudiciais e elevar sua vibração

"Eu comando a conexão do paciente com sua espiritualidade e com o divino, permitindo-lhe vivenciar uma conexão profunda e significativa com sua espiritualidade

"Eu comando a restauração e equilíbrio das energias do paciente, promovendo a harmonia e a saúde em todos os níveis: físico, emocional, mental e espiritual

"Eu comando a conexão do paciente com sua espiritualidade e com sua essência divina, permitindo-lhe fortalecer sua conexão espiritual e receber inspiração e orientação espiritual

"Eu comando a conexão do paciente com a sua sabedoria interior e a sua essência divina, permitindo-lhe acessar a orientação interna e a verdade espiritual

"Eu comando a cura e equilíbrio das energias relacionadas aos relacionamentos afetivos do paciente, permitindo-lhe vivenciar relacionamentos saudáveis e amorosos

"Eu comando a ativação e amplificação da conexão do paciente com sua intuição e sabedoria interna, permitindo-lhe tomar decisões alinhadas com sua verdadeira essência

"Eu comando a dissolução de quaisquer contratos ou acordos energéticos que não estejam mais em alinhamento com o crescimento e a evolução do paciente

"Eu comando a conexão do paciente com sua essência espiritual mais elevada, permitindo-lhe acessar sua sabedoria interior e guiança divina

"Eu comando a ativação e amplificação da conexão do paciente com sua intuição e sabedoria interior, permitindo-lhe acessar informações valiosas e tomar decisões alinhadas com sua verdadeira essência

"Eu comando a cura e equilíbrio das energias relacionadas à prosperidade e abundância do paciente, permitindo-lhe atrair e manifestar recursos financeiros e materiais em sua vida

"Eu comando a ativação e amplificação da conexão do paciente com sua essência divina, permitindo-lhe acessar a sabedoria e o amor incondicional que estão dentro de si

"Eu comando a cura e equilíbrio dos padrões de sono e descanso do paciente, promovendo um sono reparador e revigorante

"Eu comando a ativação e amplificação da conexão do paciente com sua intuição e sabedoria interior, permitindo-lhe acessar insights e orientações valiosas para seu crescimento

"Eu comando a cura e equilíbrio das energias relacionadas aos relacionamentos familiares do paciente, permitindo-lhe cultivar laços amorosos e harmoniosos

"Eu comando a cura e liberação de quaisquer bloqueios energéticos relacionados à autoexpressão e comunicação do paciente, permitindo-lhe expressar-se de maneira clara e autêntica

"Eu comando a conexão do paciente com seu propósito de vida e a manifestação de seus talentos e habilidades únicos, permitindo-lhe viver uma vida plena e significativa

"Eu comando a dissolução de quaisquer energias negativas ou influências indesejadas que estejam afetando o paciente, permitindo-lhe fortalecer sua proteção energética

"Eu comando a cura e equilíbrio das energias relacionadas aos relacionamentos interpessoais do paciente, promovendo a harmonia, compreensão e amor mútuo

"Eu comando a dissolução de quaisquer ligações energéticas com pessoas, lugares ou situações que não estejam mais em alinhamento com o crescimento do paciente

"Eu comando a dissolução de quaisquer contratos ou acordos energéticos negativos que estejam limitando o paciente em sua vida profissional e financeira

"Eu comando a restauração e equilíbrio das energias do paciente, promovendo a harmonia e o alinhamento com sua essência divina

"Eu comando a ativação e amplificação da conexão do paciente com sua força interior e poder pessoal, permitindo-lhe despertar para seu potencial e manifestar seus sonhos e desejos

"Eu comando a restauração e equilíbrio das energias do paciente, promovendo a harmonia e o equilíbrio em todas as áreas de sua vida: física, emocional, mental e espiritual

"Eu comando a ativação e amplificação da conexão do paciente com sua intuição e sabedoria interior, permitindo-lhe acessar a orientação interna e tomar decisões alinhadas com sua verdadeira essência

"Eu comando a ativação e fortalecimento da conexão do paciente com sua intuição e sabedoria interior, permitindo-lhe tomar decisões alinhadas com sua verdadeira essência

"Eu comando a limpeza e purificação do campo energético do paciente de quaisquer ataques psíquicos ou energias negativas que estejam afetando sua saúde e bem-estar

"Eu comando a limpeza e purificação das energias negativas e densas que estejam afetando o campo energético do paciente, restaurando o fluxo saudável de energia

"Eu comando a cura e equilíbrio das energias ligadas à confiança e segurança do paciente, permitindo-lhe viver com coragem e ousadia em sua jornada

"Eu comando a ativação e alinhamento dos chacras do paciente com a frequência da sua essência divina, despertando seu potencial máximo

"Eu comando a conexão do paciente com seu propósito de vida e o despertar de seu potencial máximo, para contribuir de forma significativa para si mesmo e para o mundo

"Eu comando a limpeza e purificação das energias estagnadas e densas presentes no campo energético do paciente, restaurando o fluxo equilibrado de energia vital

"Eu comando a dissolução de quaisquer laços energéticos não saudáveis ou tóxicos que estejam prejudicando o paciente, permitindo-lhe estabelecer relacionamentos positivos e saudáveis

"Eu comando a cura e equilíbrio das energias relacionadas aos relacionamentos afetivos do paciente, permitindo-lhe cultivar relacionamentos amorosos e harmoniosos

"Eu comando a ativação e ampliação dos dons psíquicos e da clarividência do paciente, permitindo-lhe acessar informações e percepções além do plano físico

"Eu comando a dissolução de quaisquer padrões de autojulgamento e autocritica que estejam afetando a autoestima e confiança do paciente

"Eu comando a dissolução de quaisquer padrões negativos de pensamentos e crenças limitantes que estejam afetando o paciente, permitindo-lhe criar uma nova realidade positiva

"Eu comando a conexão do paciente com sua essência espiritual e com a fonte divina, permitindo-lhe vivenciar uma conexão mais profunda e significativa com o sagrado

"Eu comando a cura e liberação de quaisquer bloqueios energéticos relacionados à autocura e regeneração do paciente, permitindo-lhe restaurar seu equilíbrio e saúde em todos os níveis

"Eu comando a cura e equilíbrio das energias emocionais do paciente, permitindo-lhe liberar padrões negativos e viver com maior clareza e serenidade

"Eu comando a limpeza e purificação das energias estagnadas e densas presentes no campo energético do paciente, permitindo-lhe restaurar o fluxo de energia vital e equilíbrio

"Eu comando a cura e equilíbrio das energias relacionadas aos relacionamentos interpessoais do paciente, permitindo-lhe vivenciar relações harmoniosas e amorosas

"Eu comando a restauração e equilíbrio das energias do paciente, promovendo a harmonia entre os diferentes aspectos de seu ser: físico, emocional, mental e espiritual

"Eu comando a transmutação de quaisquer energias de ansiedade e medo em serenidade e confiança para o paciente, permitindo-lhe enfrentar os desafios da vida com calma e segurança

"Eu comando a restauração e equilíbrio das energias do paciente, promovendo a harmonia entre o corpo, mente e espírito

"Eu comando a cura e liberação de quaisquer bloqueios energéticos relacionados à autorrealização e manifestação dos sonhos do paciente, permitindo-lhe alcançar seu pleno potencial

"Eu comando a cura e liberação de quaisquer bloqueios energéticos relacionados à conexão com a sabedoria ancestral do paciente, permitindo-lhe acessar e integrar os ensinamentos e dons de seus antepassados

"Eu comando a transmutação de quaisquer energias de autojulgamento e autocrítica em amor, aceitação e autocompaixão para o paciente

"Eu comando a remoção de quaisquer implantes ou dispositivos energéticos negativos presentes no corpo do paciente

"Eu comando a ativação e amplificação da conexão do paciente com sua intuição e sabedoria interior, permitindo-lhe acessar informações e insights valiosos

"Eu comando a cura e equilíbrio dos relacionamentos familiares do paciente, promovendo a compreensão, o perdão e a harmonia nas interações familiares

"Eu comando a ativação e amplificação da conexão do paciente com sua intuição e sabedoria interior, permitindo-lhe tomar decisões alinhadas com sua verdadeira essência

"Eu comando a ativação e amplificação da conexão do paciente com sua intuição e sabedoria interior, permitindo-lhe tomar decisões alinhadas com seu propósito e bem-estar

"Eu comando a ativação e alinhamento dos canais energéticos do paciente, permitindo uma maior conexão com a energia divina e o fluxo harmonioso de energia vital

"Eu comando a abertura do paciente para receber insights e orientações dos seus mentores espirituais, guias e mestres

"Eu comando que todas as energias negativas sejam transmutadas": Esse comando é usado para transformar energias negativas em positivas e promover a cura e o equilíbrio

"Eu comando a transmutação de quaisquer energias de ansiedade e preocupação em confiança e serenidade para o paciente, permitindo-lhe viver com paz interior

"Eu comando a ativação e amplificação da conexão do paciente com sua intuição e sabedoria interior, permitindo-lhe acessar insights e orientações valiosas para sua jornada

"Eu comando a restauração e equilíbrio das energias do paciente, promovendo a harmonia e o alinhamento em todos os níveis: físico, emocional, mental e espiritual

"Eu comando a cura e equilíbrio das energias relacionadas aos relacionamentos amorosos do paciente, permitindo-lhe vivenciar relacionamentos saudáveis e amorosos

"Eu comando a cura e liberação de quaisquer bloqueios energéticos relacionados à autossabotagem e ao medo do sucesso, permitindo ao paciente alcançar seu pleno potencial

"Eu comando a restauração e equilíbrio das energias do paciente, promovendo a saúde, vitalidade e bem-estar em todos os níveis do seu ser

"Eu comando a conexão do paciente com sua espiritualidade e com a fonte divina, permitindo-lhe vivenciar uma conexão profunda e significativa com seu eu superior

"Eu comando a limpeza e purificação das memórias e registros akáshicos do paciente, liberando-o de padrões e ciclos repetitivos que não lhe servem mais

"Eu comando a fortalecimento do campo de proteção energética do paciente, garantindo sua segurança e resguardando-o de influências negativas

"Eu comando a cura e equilíbrio do centro cardíaco do paciente, permitindo-lhe vivenciar amor, compaixão e empatia em todas as suas interações

"Eu comando a ativação e fortalecimento da intuição e conexão com os reinos superiores de consciência do paciente, permitindo-lhe receber insights e orientações divinas

"Eu comando a restauração e equilíbrio das energias do paciente, promovendo a harmonia e o equilíbrio entre todos os aspectos de seu ser

"Eu comando a conexão do paciente com sua essência espiritual e com as forças superiores, permitindo-lhe experimentar uma conexão profunda e significativa com o divino

"Eu comando a expansão da consciência do paciente e a abertura para novos insights e compreensões espirituais

"Eu comando a cura e liberação de quaisquer bloqueios energéticos relacionados à criatividade e expressão artística do paciente, permitindo-lhe canalizar sua criatividade de maneira plena e autêntica

"Eu comando a limpeza e purificação das energias negativas e densas presentes no campo energético do paciente, restaurando a vitalidade e o equilíbrio energético

"Eu comando a cura e liberação de quaisquer bloqueios energéticos relacionados à autoconfiança e autossuficiência do paciente, permitindo-lhe confiar em si mesmo e em suas habilidades

"Eu comando a restauração e equilíbrio das energias do paciente, promovendo a harmonização dos aspectos físicos, emocionais, mentais e espirituais

"Eu comando a cura e equilíbrio das energias relacionadas aos relacionamentos familiares do paciente, permitindo-lhe vivenciar conexões amorosas e harmoniosas

"Eu comando a ativação e fortalecimento dos centros de poder do paciente (chakras), permitindo o fluxo de energia vital e o despertar de potenciais latentes

"Eu comando a limpeza e purificação das energias densas e negativas presentes no campo energético do paciente, trazendo-lhe clareza, renovação e equilíbrio

"Eu comando a dissolução de quaisquer contratos ou acordos energéticos negativos que estejam afetando o paciente, permitindo-lhe se libertar de influências indesejadas

"Eu comando a cura e equilíbrio das energias relacionadas aos relacionamentos familiares do paciente, promovendo a compreensão, o perdão e a harmonia nas interações familiares

"Eu comando a transmutação de quaisquer energias de ansiedade e medo em confiança e serenidade para o paciente, permitindo-lhe viver com tranquilidade e equilíbrio

"Eu comando a cura e equilíbrio das energias relacionadas à abundância e prosperidade do paciente, permitindo-lhe atrair e manifestar recursos em sua vida

"Eu comando a restauração do equilíbrio e saúde nos sistemas do corpo do paciente, permitindo-lhe viver com vitalidade e bem-estar

"Eu comando a conexão do paciente com sua espiritualidade e com seu eu mais elevado, permitindo-lhe experimentar uma conexão profunda com o divino e uma compreensão mais ampla da vida

"Eu comando a expansão da consciência do paciente, permitindo-lhe acessar níveis superiores de conhecimento e sabedoria espiritual

"Eu comando a ativação e expansão da consciência espiritual do paciente, permitindo-lhe acessar níveis mais elevados de sabedoria e compreensão

"Eu comando a liberação de quaisquer votos, pactos ou compromissos que o paciente tenha feito em vidas passadas e que estejam limitando sua evolução espiritual no presente

"Eu comando a cura e liberação de quaisquer bloqueios energéticos relacionados à autenticidade e expressão verdadeira do paciente, permitindo-lhe viver sua vida de acordo com sua essência

"Eu comando a dissolução de quaisquer energias de inveja, ciúme e comparação que estejam afetando negativamente o paciente, permitindo-lhe viver em harmonia e gratidão

"Eu comando a dissolução de quaisquer cordões energéticos negativos que estejam drenando a energia vital do paciente, permitindo-lhe estabelecer limites saudáveis e fortalecer seu campo energético

"Eu comando a conexão do paciente com sua espiritualidade e com a sabedoria divina, permitindo-lhe fortalecer sua conexão espiritual e receber insights e orientações espirituais

"Eu comando a dissolução de quaisquer energias negativas, maldições ou padrões kármicos que estejam afetando o paciente, permitindo-lhe liberar-se de influências negativas e seguir em direção à sua evolução espiritual

"Eu comando a cura e liberação de quaisquer bloqueios energéticos relacionados à abundância e prosperidade do paciente, permitindo-lhe atrair e manifestar abundância em todas as áreas de sua vida

"Eu comando a conexão do paciente com sua espiritualidade e com a sabedoria divina, permitindo-lhe fortalecer sua conexão com o sagrado e receber orientações e inspirações divinas

"Eu comando a dissolução de quaisquer padrões de autossabotagem e autodestruição que estejam limitando o paciente em sua jornada de crescimento e sucesso

"Eu comando a cura e liberação de quaisquer bloqueios energéticos relacionados à autoexpressão criativa do paciente, permitindo-lhe expressar sua criatividade e manifestar seu potencial artístico

"Eu comando a transmutação de todas as formas-pensamento e padrões negativos que afetam o paciente

"Eu comando a conexão do paciente com a sua voz interior e o despertar do seu poder de expressão autêntica e criativa

"Eu comando a restauração e equilíbrio das energias do paciente, promovendo a harmonia e o equilíbrio em seu ser como um todo: corpo, mente, emoções e espírito

"Eu comando a cura e liberação de quaisquer padrões de autodúvida e falta de confiança que estejam limitando o paciente em sua expressão autêntica e potencial

"Eu comando a limpeza e purificação das feridas emocionais e traumas profundos no paciente, promovendo a cura e o florescimento do seu ser interior

"Eu comando a cura e liberação de quaisquer bloqueios energéticos relacionados à manifestação da abundância e prosperidade na vida do paciente

"Eu comando a dissolução de quaisquer ligações ou cordões energéticos negativos que estejam drenando a energia vital do paciente, fortalecendo seu campo energético

"Eu comando a conexão do paciente com seus guias espirituais e seres de luz para orientação e proteção

"Eu comando a conexão do paciente com sua essência espiritual mais elevada, permitindo-lhe fortalecer sua conexão com o divino e acessar sua orientação interior

"Eu comando a clareza mental e a ampliação da percepção do paciente, permitindo uma visão mais ampla e profunda da realidade

"Eu comando a dissolução de quaisquer influências negativas provenientes de laços cármicos não resolvidos, permitindo ao paciente avançar em sua jornada evolutiva

"Eu comando a ativação e fortalecimento dos canais de comunicação telepática e psíquica do paciente, permitindo-lhe receber mensagens e insights do plano espiritual

200

"Eu comando a transmutação de quaisquer energias de ansiedade e estresse em calma e serenidade para o paciente, permitindo-lhe encontrar equilíbrio e paz interior

"Eu comando a cura e equilíbrio das energias relacionadas aos relacionamentos familiares do paciente, permitindo-lhe vivenciar relações harmoniosas, respeitosas e amorosas

"Eu comando a ativação e amplificação da conexão do paciente com sua essência divina e com sua sabedoria interior, permitindo-lhe acessar sua orientação interior

"Eu comando a conexão do paciente com sua sabedoria interior e com a sabedoria ancestral, trazendo clareza, discernimento e orientação em sua jornada

"Eu comando a dissolução de quaisquer contratos ou acordos negativos que o paciente tenha feito em vidas passadas, liberando-o de limitações e restrições

"Eu comando a cura e liberação de quaisquer bloqueios energéticos relacionados à autossabotagem e autorrestrição, permitindo ao paciente alcançar seu pleno potencial

"Eu comando a ativação e amplificação da conexão do paciente com os reinos da natureza, permitindo-lhe acessar a sabedoria e cura presentes nas energias naturais

"Eu comando a restauração e equilíbrio das energias do paciente, promovendo a harmonia e o alinhamento com a sua verdadeira essência e propósito de vida

"Eu comando a limpeza e cura de quaisquer energias ligadas a contratos negativos, votos ou acordos que não estejam mais em seu mais alto bem

"Eu comando a dissolução de quaisquer influências espirituais negativas ou presenças indesejadas que estejam afetando o paciente, restaurando a sua proteção e bem-estar

"Eu comando a cura e equilíbrio dos relacionamentos afetivos do paciente, promovendo a harmonia, o respeito mútuo e a conexão amorosa

"Eu comando a cura e liberação de quaisquer bloqueios energéticos relacionados à autoconfiança e autoestima do paciente, permitindo-lhe reconhecer e expressar seu verdadeiro valor

"Eu comando a conexão do paciente com sua espiritualidade e a abertura para receber orientação divina, permitindo-lhe conectar-se com sua sabedoria interior e propósito de vida

"Eu comando a dissolução de quaisquer padrões de autossabotagem e autolimitação que estejam impedindo o paciente de alcançar seu pleno potencial e felicidade

"Eu comando a ativação e amplificação da conexão do paciente com sua intuição e sabedoria interior, permitindo-lhe tomar decisões alinhadas com sua verdadeira essência e propósito de vida

"Eu comando a cura e equilíbrio das energias relacionadas aos relacionamentos familiares do paciente, permitindo-lhe vivenciar relações saudáveis e harmoniosas

"Eu comando a transmutação de quaisquer energias de ansiedade e estresse em paz e serenidade para o paciente, permitindo-lhe encontrar equilíbrio e bem-estar emocional

"Eu comando a restauração e equilíbrio das energias do paciente, promovendo a harmonia e o bem-estar em todos os aspectos de sua existência: físico, emocional, mental e espiritual

"Eu comando a ativação e fortalecimento da conexão do paciente com sua intuição e sabedoria interior, permitindo-lhe acessar a orientação divina em sua vida

"Eu comando a purificação e fortalecimento da aura do paciente, criando um campo de proteção energética que o resguarde de influências negativas externas

"Eu comando a conexão do paciente com seu poder pessoal e autenticidade, permitindo-lhe expressar-se plenamente e viver de acordo com sua verdade interior

"Eu comando a cura e liberação de quaisquer bloqueios energéticos relacionados à criatividade e expressão artística do paciente, permitindo-lhe manifestar sua expressão única e autêntica

"Eu comando a transmutação de quaisquer padrões de autossabotagem e procrastinação que impeçam o paciente de realizar seus objetivos e aspirações

"Eu comando a limpeza e purificação das energias presentes no lar do paciente, criando um ambiente harmonioso e propício ao bem-estar

"Eu comando a transmutação de quaisquer energias de ansiedade e estresse em calma e paz interior para o paciente, permitindo-lhe viver uma vida equilibrada, tranquila e serena

"Eu comando a conexão do paciente com sua sabedoria interior e intuição para tomar decisões e escolhas alinhadas com seu bem maior

"Eu comando a transmutação de quaisquer energias de ansiedade e estresse em paz e serenidade para o paciente, permitindo-lhe viver uma vida tranquila e equilibrada

"Eu comando a restauração e equilíbrio das energias do paciente, promovendo a saúde, vitalidade e bem-estar em todos os aspectos de sua vida

"Eu comando a cura e liberação de quaisquer bloqueios energéticos relacionados ao perdão, permitindo ao paciente liberar ressentimentos e encontrar paz interior

"Eu comando a cura e liberação de quaisquer bloqueios energéticos relacionados à expressão da verdade e autenticidade do paciente, permitindo-lhe se expressar com clareza e integridade

"Eu comando a cura e liberação de quaisquer bloqueios energéticos relacionados à confiança e autoconfiança do paciente, permitindo-lhe desenvolver uma autoimagem positiva e segura

"Eu comando a transmutação de quaisquer energias de ansiedade e preocupação em paz e confiança para o paciente, permitindo-lhe viver uma vida equilibrada e serena

"Eu comando a ancoragem e integração das energias de cura recebidas pelo paciente, promovendo a harmonização e o fortalecimento de seu sistema energético

"Eu comando a abertura dos canais de comunicação do paciente com sua intuição e sabedoria interior

"Eu comando a abertura do paciente para receber insights e soluções criativas para os desafios e questões que enfrenta atualmente

"Eu comando a cura e equilíbrio das energias relacionadas aos relacionamentos afetivos do paciente, permitindo-lhe vivenciar relações amorosas e saudáveis

"Eu comando a cura e equilíbrio das energias relacionadas aos relacionamentos familiares do paciente, permitindo-lhe harmonia, compreensão e amor entre os membros da família

"Eu comando a liberação de quaisquer padrões de vítima e ressentimento que estejam limitando o paciente, possibilitando a transformação e o perdão

"Eu comando a transmutação de todas as energias estagnadas e estagnantes que estão bloqueando o fluxo de vitalidade e alegria de viver do paciente

"Eu comando a conexão do paciente com a sua essência divina e a lembrança de sua missão espiritual, guiando-o em direção ao propósito de sua vida

"Eu comando a conexão do paciente com a sua missão de vida e propósito divino, guiando-o em direção à sua realização

"Eu comando a ativação e amplificação da conexão do paciente com sua intuição e sabedoria interior, permitindo-lhe acessar a sabedoria interna e tomar decisões alinhadas com seu bem maior

"Eu comando a transmutação de quaisquer energias de ansiedade e preocupação em calma, serenidade e confiança para o paciente, permitindo-lhe viver uma vida equilibrada e tranquila

"Eu comando a abertura de portais de cura e elevação espiritual": Esse comando é usado para criar uma abertura energética para receber cura e elevar a vibração espiritual

"Eu comando a limpeza e purificação das energias densas e impuras presentes no campo energético do paciente, restaurando a pureza e a vitalidade de sua energia

"Eu comando a abertura do paciente para receber e integrar a sabedoria e os ensinamentos de suas vidas passadas, trazendo clareza e compreensão ao presente

"Eu comando a dissolução de quaisquer contratos ou compromissos energéticos que não estejam mais em alinhamento com o bem-estar e a evolução do paciente

"Eu comando a cura e equilíbrio das energias relacionadas aos relacionamentos afetivos do paciente, permitindo-lhe experienciar conexões amorosas e saudáveis

"Eu comando a ativação e amplificação da conexão do paciente com a sua força interior e poder pessoal, permitindo-lhe superar desafios e conquistar seus objetivos

"Eu comando a ativação e expansão da intuição e da percepção extrasensorial do paciente, permitindo-lhe acessar informações e conhecimentos além do plano físico

"Eu comando a conexão do paciente com sua espiritualidade e com o amor divino, permitindo-lhe sentir-se conectado e apoiado em sua jornada

"Eu comando a conexão do paciente com sua espiritualidade e com a fonte divina, permitindo-lhe vivenciar uma conexão profunda e significativa com o sagrado

"Eu comando a ancoragem e integração das energias curativas e transformadoras recebidas pelo paciente

"Eu comando a restauração e equilíbrio das energias do paciente, promovendo a harmonização dos corpos físico, emocional, mental e espiritual

"Eu comando a restauração e equilíbrio das energias do paciente, promovendo a harmonia e o alinhamento de seus corpos físico, emocional, mental e espiritual

"Eu comando a restauração do equilíbrio entre o trabalho e o descanso no paciente, promovendo sua saúde física, mental e emocional

"Eu comando a cura e equilíbrio das energias relacionadas aos relacionamentos interpessoais do paciente, permitindo-lhe vivenciar conexões amorosas, respeitosas e significativas

"Eu comando a limpeza e purificação das memórias e traumas ancestrais presentes no campo energético do paciente, liberando-o de padrões repetitivos e limitantes

"Eu comando a transmutação de quaisquer energias de medo e insegurança em coragem e confiança para o paciente, capacitando-o a enfrentar desafios com determinação e superação

"Eu comando a limpeza e purificação das energias estagnadas e negativas presentes no campo energético do paciente, restaurando o fluxo de energia vital e equilíbrio

"Eu comando a dissolução de quaisquer influências negativas ou energias intrusas que estejam afetando o paciente, permitindo-lhe recuperar seu equilíbrio e autonomia energética

"Eu comando a transmutação de quaisquer energias de ansiedade e estresse em serenidade e paz para o paciente, permitindo-lhe encontrar equilíbrio e tranquilidade interior

"Eu comando a limpeza e purificação de quaisquer influências espirituais indesejadas ou obsessões que afetem o paciente

"Eu comando a cura e equilíbrio das energias emocionais do paciente, permitindo-lhe lidar de forma saudável com suas emoções e encontrar o equilíbrio interno

"Eu comando a cura e equilíbrio dos chacras do paciente, promovendo o fluxo saudável e harmonioso de energia em seu sistema energético

"Eu comando a ativação e amplificação da conexão do paciente com sua intuição e sabedoria interior, permitindo-lhe tomar decisões guiadas pela sabedoria interior

"Eu comando a limpeza e purificação das energias negativas e densas que estejam afetando o campo energético do paciente, promovendo a renovação e o equilíbrio

"Eu comando a conexão do paciente com a sua força interior e a coragem necessária para enfrentar os desafios e superar as adversidades

ESCOLHA DE COMANDOS

O apometra pode escolher os camandos necessários conforme a situação, ou mesmo criar comandos.

PASSO A PASSO PARA A SESSÃO DE CURA

Passo 1: Preparação do ambiente

Escolha um local tranquilo e livre de distrações para realizar a sessão de apometria.

Certifique-se de que o ambiente esteja limpo e harmonizado energeticamente.

Prepare uma cadeira confortável para o paciente e uma cadeira para o terapeuta ou guia da sessão.

Passo 2: Abertura e conexão espiritual

Inicie com uma breve meditação ou momento de silêncio para acalmar a mente e se conectar com as energias elevadas.

Faça uma invocação espiritual, chamando por suas conexões com a luz divina, os guias espirituais e a sabedoria ancestral.

Sinta a presença das energias elevadas ao seu redor e visualize uma luz branca pura preenchendo o espaço.

Passo 3: Introdução e explicação

Explique ao paciente o processo da apometria e os objetivos da sessão.

Esclareça que a apometria é um trabalho energético e espiritual, com o propósito de promover cura, equilíbrio e autoconhecimento.

Permita que o paciente faça perguntas e esclareça quaisquer dúvidas antes de prosseguir.

Passo 4: Entrevista e levantamento de informações

Realize uma entrevista com o paciente para obter informações sobre sua condição física, emocional, mental e espiritual.

Faça perguntas específicas relacionadas aos sintomas, histórico de saúde, preocupações e objetivos do paciente.

Ouça atentamente as respostas e crie um ambiente acolhedor para que o paciente se sinta confortável em compartilhar informações pessoais.

Passo 5: Preparação do paciente

Peça ao paciente que se sente na cadeira confortável, relaxe e feche os olhos.

Incentive-o a respirar profundamente algumas vezes para se concentrar e relaxar o corpo e a mente.

Passo 6: Práticas de desdobramento e limpeza energética

Inicie o desdobramento energético, visualizando o paciente se desprendendo de seu corpo físico e expandindo sua consciência.

Utilize comandos verbais ou visualizações para limpar e purificar a energia do paciente, removendo quaisquer bloqueios, energias negativas ou influências indesejadas.

Passo 7: Trabalho específico de acordo com as necessidades do paciente

Com base nas informações obtidas na entrevista, direcione o trabalho para as áreas específicas que necessitam de cura, equilíbrio ou transformação.

Utilize comandos verbais, visualizações ou outras técnicas apropriadas para atender às necessidades individuais do paciente.

Passo 8: Encerramento da sessão

Quando sentir que a sessão atingiu seu propósito, inicie o processo de retorno do paciente ao seu corpo físico.

Incentive-o a respirar profundamente e a tomar consciência de seu entorno físico gradualmente.

Faça uma breve recapitulação do trabalho realizado e compartilhe qualquer orientação ou insights relevantes.

Passo 9 (continuação): Pós-sessão

Reserve um tempo para conversar com o paciente sobre sua experiência durante a sessão de apometria.

Incentive-o a expressar quaisquer insights, sensações ou emoções que surgiram durante o processo.

Ofereça suporte emocional e espiritual, esclarecendo quaisquer dúvidas adicionais que o paciente possa ter.

Discuta as práticas e técnicas que foram utilizadas durante a sessão e como o paciente pode continuar a se beneficiar delas no seu dia a dia.

Passo 10: Encerramento da sessão

Agradeça ao paciente pela participação na sessão de apometria.

Finalize com uma oração, momento de gratidão ou qualquer outro ritual significativo de encerramento, de acordo com a sua prática e crenças pessoais.

Incentive o paciente a beber água, descansar e cuidar de si mesmo após a sessão.

DICAS ADICIONAIS

1. Forme um grupo de pessoas interessadas: Busque reunir um grupo de pessoas que tenham interesse e afinidade com a apometria e a cura. Se as pessoas não tiverem afinidade, use esse livro e comece os trabalhos de cura. Convide membros da comunidade, amigos ou familiares que estejam interessados em explorar essa prática.

2. Estude a apometria dentro da perspectiva da cura: É importante estudar e compreender a apometria dentro da cura, relacionando-a com os princípios e ensinamentos pela apometria. Procure materiais de estudo que abordem a apometria sob uma perspectiva da cura, como livros, artigos ou palestras ministradas especialistas na área.

3. Conte com a orientação espiritual: Tenha o apoio de um especialista ou pessoa capacitada dentro dos apometras que possa acompanhar o grupo, oferecendo orientação espiritual e supervisionando as práticas de apometria. Essa orientação pode ajudar a garantir que a prática esteja em consonância com a apometria e seja realizada de forma adequada. Se não tiver essa pessoa, apenas siga o que esse livro ensina.

4. **Realize encontros e práticas em conformidade com a apometria:** Durante os encontros do grupo de apometria, busque integrar elementos da apometria, como evocações e reflexões espirituais. Certifique-se de que as práticas estejam em conformidade com os princípios da apometria.

5. **Promova a integração com a comunidade local:** Busque integrar o grupo de apometria com a comunidade local, participando de eventos e atividades. Isso pode ajudar a fortalecer os laços e a obter apoio da comunidade.

6. **Mantenha uma postura de respeito e discernimento:** Ao praticar a apometria é importante manter uma postura de respeito pelos ensinamentos e autoridades da apometria. Esteja aberto ao discernimento e à orientação espiritual,

buscando sempre a harmonia entre a prática da apometria e as pessoas.

Lembre-se de que a criação de um grupo de apometria dentro deve ser feita com cuidado e respeito, buscando esta em conformidade com a apometria.

FERRAMENTAS PARA USAR ANTES OU DEPOIS DA APOMETRIA

Aceitação Radical

A aceitação radical é um conceito central na Terapia Comportamental Dialética, uma abordagem terapêutica desenvolvida pela psicóloga americana Marsha Linehan. A ideia por trás da aceitação radical é que, para mudar, é preciso aceitar a realidade da situação atual e estar disposto a aceitar a dor emocional que acompanha essa aceitação.

A aceitação radical é uma forma de aceitação incondicional, mas com um foco específico em aceitar a realidade presente e as emoções associadas a essa realidade. Isso significa que, em vez de resistir ou evitar emoções desconfortáveis, a aceitação radical envolve a disposição de experienciá-las e permitir que elas sejam presentes.

Por exemplo, se uma pessoa está passando por uma crise emocional, a aceitação radical envolveria reconhecer a realidade dessa crise, não negando ou minimizando sua intensidade, mas sim permitindo que a dor emocional seja presente. Em vez de tentar escapar ou controlar as emoções, a pessoa pratica a aceitação radical, permitindo que a dor seja sentida e processada.

A aceitação radical é importante na Terapia Comportamental Dialética porque muitos problemas emocionais surgem de uma luta contra a realidade ou uma tentativa de mudar algo que não pode ser mudado. Ao praticar a aceitação radical, a pessoa pode aprender a aceitar a realidade como ela é, em vez de tentar mudá-la. Isso pode levar a uma maior resiliência emocional, menos sofrimento e mais eficácia na busca de soluções.

Exposição Prolongada

A exposição prolongada é uma técnica utilizada na terapia de exposição para ajudar os pacientes a lidar com fobias e transtornos de ansiedade. É uma técnica baseada na ideia de que a exposição repetida e prolongada ao objeto ou situação temida pode ajudar a diminuir a resposta de medo e ansiedade.

Na terapia de exposição virtual, o paciente é exposto a um ambiente virtual que simula a situação ou objeto que ele teme.

A exposição prolongada pode ser realizada de forma gradual, na qual o paciente é exposto progressivamente a estímulos cada vez mais intensos ou desafiadores, ou de forma intensiva, na qual o paciente é exposto diretamente ao estímulo temido por um período prolongado de tempo.

A exposição prolongada é eficaz porque ajuda o paciente a aprender que a situação ou objeto temido não é tão perigoso quanto ele pensava e que ele é capaz de enfrentá-lo sem sofrer consequências graves. Com o tempo, o paciente aprende a tolerar a situação ou objeto sem sentir medo ou ansiedade excessivos.

A terapia de exposição virtual pode ser particularmente útil para pacientes com fobias de objetos ou situações que são difíceis de simular na vida real, como medo de voar ou de alturas elevadas. Além disso, a exposição virtual oferece um ambiente controlado e seguro, onde o paciente pode experimentar situações desafiadoras sem risco de lesão ou dano.

Genograma

O genograma pode ser usado para identificar padrões familiares de saúde mental e física, incluindo doenças hereditárias, traumas, padrões de comportamento, histórias de abuso, divórcios, separações, mortes, entre outros. Ele pode ajudar a identificar fatores de risco e resiliência em uma família, bem como a entender a influência de eventos históricos ou culturais na dinâmica familiar.

O processo de construção do genograma geralmente envolve a coleta de informações através de entrevistas com os membros da família, revisão de registros médicos e outras fontes de dados. Os terapeutas podem usar o genograma como uma ferramenta para facilitar a discussão em grupo e ajudar os membros da família a entenderem melhor a si mesmos e uns aos outros.

O genograma pode ser usado em várias terapias intergeracionais, incluindo terapia familiar, terapia de casais e terapia individual. É uma ferramenta valiosa para ajudar a compreender as complexas dinâmicas familiares e promover mudanças positivas em um ambiente seguro e estruturado.

Grupos de Reminiscência

Cenário

O cenário é um elemento chave no psicodrama, uma abordagem terapêutica que utiliza dramatizações para explorar questões emocionais, relacionais e comportamentais. O cenário é o espaço onde a ação do psicodrama se desenvolve e é cuidadosamente selecionado para fornecer um ambiente seguro e acolhedor para os participantes.

O cenário pode variar de acordo com as necessidades dos participantes e as metas terapêuticas da sessão. Geralmente, o cenário é escolhido com base na questão emocional ou relacional que está sendo explorada na sessão de psicodrama. Por exemplo, se a sessão de psicodrama envolver a exploração de questões familiares, o cenário pode ser configurado como uma sala de estar ou uma cozinha. Se a sessão de psicodrama envolver a exploração de questões relacionais, o cenário pode ser configurado como um parque ou uma praça.

O cenário é configurado com cuidado, levando em consideração a iluminação, o som, os objetos e os adereços. A iluminação pode ser usada para criar um clima emocional específico, como uma iluminação suave para criar um ambiente acolhedor ou uma iluminação mais intensa para criar um ambiente de tensão. Os sons podem ser adicionados para fornecer uma atmosfera realista, como o som de pássaros em um parque ou o som de carros na rua.

Os objetos e adereços no cenário são selecionados para ajudar os participantes a se conectarem com a situação dramatizada. Por exemplo, se a sessão de psicodrama envolver a exploração de questões de relacionamento, os objetos e adereços podem incluir uma mesa, cadeiras e talheres para criar uma cena de jantar em família. Se a sessão de psicodrama envolver a exploração de questões emocionais, os objetos e adereços podem incluir almofadas ou bichos de pelúcia para ajudar os participantes a se sentirem mais à vontade.

Integração Corporal

A integração corporal é uma abordagem terapêutica que reconhece a conexão entre o corpo e a mente. Ela se concentra em ajudar os pacientes a se tornarem mais conscientes de suas sensações físicas e a expressar suas emoções por meio do movimento e da atividade corporal. A terapia de integração corporal pode ser útil para pessoas que têm dificuldades em se expressar verbalmente ou que sentem desconexão entre seus pensamentos e seus sentimentos físicos.

Durante a terapia, o terapeuta trabalha com o paciente para ajudá-lo a prestar atenção em suas sensações corporais, tais como tensão muscular, respiração e ritmo cardíaco. Através do uso de exercícios e técnicas como a respiração profunda, meditação e mindfulness, o paciente aprende a se conectar com suas sensações físicas e a compreender como elas estão relacionadas com suas emoções.

Além disso, a integração corporal pode incluir o uso de atividades físicas e expressivas, como a dança, o movimento livre, a yoga e a massagem terapêutica. Essas atividades podem ajudar o paciente a liberar tensões e emoções reprimidas e a se sentir mais conectado com seu corpo e sua mente.

A integração corporal também pode ser combinada com outras formas de terapia, como terapia cognitivo-comportamental, terapia psicodinâmica e terapia de grupo, para ajudar o paciente a alcançar seus objetivos terapêuticos de uma forma mais completa e integrada.

Massagem Terapêutica

A massagem terapêutica é uma técnica que utiliza movimentos manuais aplicados sobre os tecidos moles do corpo, incluindo músculos, tendões e ligamentos, com o objetivo de melhorar a saúde e o bem-estar físico e emocional do paciente. Na terapia psicocorporal, a massagem terapêutica é usada como uma ferramenta para ajudar o paciente a se conectar com suas sensações corporais, aumentar a conscientização e a compreensão de seus estados emocionais, e também para liberar tensões e emoções acumuladas.

A massagem terapêutica pode ser realizada em diferentes partes do corpo, incluindo as costas, o pescoço, os braços, as pernas e os pés. O terapeuta pode aplicar diferentes técnicas de massagem, como massagem sueca, massagem profunda, massagem de liberação miofascial e reflexologia, dependendo das necessidades e objetivos do paciente.

Além de aliviar o estresse, a massagem terapêutica pode ser benéfica para tratar uma variedade de problemas de saúde física e emocional, como dor crônica, ansiedade, depressão, insônia, dores de cabeça, síndrome do intestino irritável, e outros.

A massagem terapêutica é frequentemente combinada com outras técnicas de terapia psicocorporal, como a terapia de respiração, a meditação e o trabalho corporal, para ajudar o paciente a alcançar um estado de equilíbrio e harmonia entre corpo e mente. É importante que a massagem terapêutica seja realizada por um profissional qualificado e experiente, para garantir a segurança e eficácia do tratamento.

Mindfulness

A prática da atenção plena, também conhecida como mindfulness, é uma técnica utilizada em várias formas de terapia, incluindo a Terapia de Aceitação e Compromisso. O mindfulness envolve prestar atenção deliberada e não julgadora ao momento presente, observando os pensamentos, emoções e sensações físicas sem tentar controlá-los ou julgá-los.

Na Terapia de Aceitação e Compromisso, a prática do mindfulness ajuda o paciente a entrar em contato com suas experiências internas, incluindo pensamentos e emoções desconfortáveis, sem tentar evitá-las ou controlá-las. Em vez disso, o paciente é encorajado a aceitar essas experiências como parte da vida e a adotar uma postura de abertura e curiosidade em relação a elas.

A prática do mindfulness pode incluir exercícios formais, como meditação e yoga, bem como práticas informais, como prestar atenção à respiração enquanto realiza atividades diárias. A terapia de grupo baseada em mindfulness também pode ser utilizada para ajudar os pacientes a compartilhar suas experiências e apoiar uns aos outros na prática do mindfulness.

A prática regular do mindfulness pode ajudar o paciente a reduzir o estresse, a ansiedade e a depressão, melhorar o foco e a concentração, além de aumentar a resiliência emocional.

Na Terapia de Aceitação e Compromisso, a prática do mindfulness é considerada uma parte essencial da terapia, pois ajuda o paciente a desenvolver habilidades para lidar com a dor emocional e a viver uma vida mais significativa e plena.

Enquadramento

O enquadramento é uma parte importante da terapia sistêmica, uma abordagem terapêutica que se concentra nas relações e padrões de comunicação entre os membros de um sistema, como uma família, um casal ou um grupo social. O enquadramento refere-se às maneiras pelas quais o terapeuta define e estabelece as regras e limites da terapia sistêmica.

O enquadramento na terapia sistêmica é crucial porque ajuda a criar um ambiente seguro e respeitoso para os membros do sistema. Isso é importante porque muitas vezes as famílias, casais ou grupos que buscam terapia estão lidando com problemas complexos e emocionais que podem ser difíceis de abordar. O enquadramento ajuda a estabelecer uma estrutura clara para a terapia, para que os membros do sistema possam se sentir seguros e confiantes em compartilhar seus pensamentos e sentimentos.

O enquadramento na terapia sistêmica pode incluir várias coisas, como a duração e frequência da terapia, as responsabilidades dos membros do sistema e do terapeuta, as regras de confidencialidade e privacidade, e o objetivo geral da terapia. O terapeuta também pode definir limites claros sobre o comportamento aceitável durante as sessões de terapia, como a proibição de comportamentos violentos ou abusivos.

O enquadramento na terapia sistêmica também ajuda a estabelecer a relação terapêutica entre o terapeuta e os membros do sistema. O terapeuta trabalha em colaboração com o sistema para definir objetivos e expectativas claras para a terapia. Isso ajuda a estabelecer uma relação de confiança e respeito entre o terapeuta e os membros do sistema, o que pode melhorar significativamente a eficácia da terapia.

Exercícios de Resolução de Problemas

Os exercícios de resolução de problemas são uma técnica utilizada em terapia de grupo para ajudar os pacientes a lidar com desafios e encontrar soluções eficazes. Essa técnica é baseada na ideia de que o trabalho em grupo pode trazer novas perspectivas e ideias para ajudar a resolver problemas.

Durante a sessão de terapia de grupo, o terapeuta pode apresentar um problema ou desafio para o grupo discutir e resolver. O terapeuta pode fornecer informações adicionais sobre o problema e orientar a discussão para garantir que todos tenham a oportunidade de contribuir.

Os participantes do grupo podem compartilhar suas experiências pessoais, ideias e sugestões para resolver o problema. O terapeuta pode fazer perguntas para estimular a discussão e ajudar o grupo a considerar diferentes opções e perspectivas. É importante que todos os participantes tenham a oportunidade de falar e contribuir para a discussão.

Depois que o grupo discutiu o problema e examinou diferentes soluções, o terapeuta pode orientá-los a avaliar as soluções e selecionar a melhor opção. O terapeuta também pode ajudar o grupo a criar um plano de ação para implementar a solução

escolhida.

PERGUNTAS ANTES DE UMA APOMETRIA

1. O paciente está disposto a seguir as orientações pós-sessão, como práticas de autocuidado, meditação ou integração dos insights obtidos? Pergunte ao paciente se eles estão comprometidos em aplicar práticas de autocuidado e integrar as experiências e insights obtidos durante a sessão de apometria em sua vida cotidiana.

2. O paciente possui algum histórico de transtornos psicológicos, como depressão, ansiedade ou transtorno de estresse pós-traumático? Transtornos psicológicos pré-existentes podem impactar a resposta do paciente à apometria. Pergunte sobre o histórico de saúde mental do paciente para avaliar se a apometria é uma abordagem adequada ou se é necessário algum ajuste terapêutico.

3. O paciente está disposto a compartilhar informações pessoais e sensíveis durante a sessão? A apometria pode envolver a exploração de memórias passadas, experiências

traumáticas e questões pessoais profundas. Pergunte ao paciente se eles estão abertos e dispostos a compartilhar informações sensíveis durante a sessão, lembrando-os de que seu espaço e privacidade serão respeitados.

4. O paciente tem alguma preocupação em relação à segurança ou efeitos adversos da apometria? Verifique se o paciente tem alguma preocupação em relação à segurança da apometria ou se há possíveis efeitos adversos que eles gostariam de discutir. Isso fornecerá a oportunidade de esclarecer quaisquer dúvidas ou preocupações e garantir que o paciente se sinta seguro e confortável durante a sessão.

5. O paciente tem alguma pergunta adicional ou preocupação antes da sessão de apometria? Dê ao paciente a oportunidade de fazer quaisquer perguntas adicionais ou expressar preocupações antes da sessão. Isso demonstra cuidado e cria um espaço para esclarecer qualquer dúvida pendente,

garantindo que o paciente se sinta mais confortável e confiante em relação à terapia.

PREPARATIVO DA PESSOA ANTES DA APOMETRIA

Prática de gratidão pelo corpo: Dedique um tempo para expressar gratidão pelo seu corpo antes da sessão. Observe seu corpo, reconhecendo sua capacidade de cura e transformação. Agradeça a cada parte do seu corpo, desde os órgãos internos até a pele externa. Essa prática ajuda a cultivar uma relação saudável com o corpo e a abrir-se para a experiência terapêutica.

Leitura de materiais informativos: Leia livros, artigos ou outros materiais informativos sobre apometria antes da sessão. Isso pode fornecer uma compreensão mais profunda da prática e prepará-lo para as experiências que podem ocorrer durante a sessão.

Conexão com a respiração: Antes da sessão, dedique um tempo para se conectar com a sua respiração. Faça respirações conscientes, observando o fluxo de ar entrando e saindo do seu corpo. Isso ajuda a acalmar a mente, trazer foco para o presente e preparar-se para a experiência de apometria.

Limpeza energética pessoal: Além da limpeza energética do ambiente, realize uma limpeza energética pessoal antes da sessão. Isso pode ser feito através de técnicas como banho de sal, uso de cristais, esfregar as mãos uma na outra para criar um campo energético ou qualquer outra prática que você conheça e se sinta confortável.

Meditação da presença: Dedique um tempo para uma meditação da presença antes da sessão de apometria. Sente-se em silêncio, concentre-se em sua respiração e observe seus pensamentos e sensações sem julgá-los. Permita-se estar totalmente presente no momento, cultivando um estado de atenção plena e abertura para a experiência terapêutica.

Banho de limpeza energética: Tome um banho de limpeza energética antes da sessão de apometria. Adicione sal grosso, ervas ou óleos essenciais à água para promover a purificação e a renovação da energia do corpo.

Leitura de textos inspiradores: Leia textos inspiradores, como citações motivacionais, poesias ou ensinamentos espirituais que ressoem com você. Essa leitura pode ajudar a elevar sua vibração, trazer clareza mental e despertar insights significativos antes da sessão.

Visualização de proteção pessoal: Antes da sessão, visualize-se envolto em uma bolha de luz protetora e amorosa. Veja essa luz agindo como uma barreira contra qualquer energia negativa ou influências indesejadas, garantindo sua segurança e bem-estar durante o processo terapêutico.

Limpeza energética dos cristais: Se você trabalha com cristais, faça uma limpeza energética de seus cristais antes da sessão. Utilize métodos como água corrente, defumação ou exposição à luz solar/moonlight para restaurar a energia dos cristais e prepará-los para o trabalho terapêutico.

Revisão de objetivos pessoais: Reserve um tempo para revisar seus objetivos pessoais antes da sessão. Reflita sobre o que você deseja alcançar em termos de cura, crescimento espiritual ou transformação interior. Isso ajuda a definir sua intenção para a sessão e direcionar sua energia.

Preparação emocional: Esteja aberto para explorar e lidar com emoções que possam surgir durante a sessão de apometria. Permita-se sentir e expressar suas emoções de forma saudável, entendendo que elas são parte integrante do processo de cura. Esteja preparado para se permitir vivenciar e liberar emoções reprimidas ou bloqueadas.

Ritual de purificação com água: Realize um ritual de purificação com água antes da sessão. Encha uma tigela com água e visualize-a sendo preenchida com uma luz purificadora. Mergulhe as mãos na água e, em seguida, jogue-a delicadamente sobre seu rosto, corpo ou chakras, permitindo que a água limpe e purifique sua energia.

Ingram Content Group UK Ltd.
Milton Keynes UK
UKHW050728260623
424053UK00012B/593

9 798223 905875